IMMERDAR MÖGE MEIN HERZ KLEINEN VÖGELN
OFFENSTEHN DENN SIE SIND DAS GEHEIMNIS
DES LEBENS

E. E. CUMMINGS

WENDEHALS

DOHLE

PFUHLSCHNEPFE

ELSTER

WALDOHREULE

VÖGEL
GANZ NAH

FOTOS

ROINE MAGNUSSON

TEXT

MATS OTTOSSON UND
ÅSA OTTOSSON

AUS DEM SCHWEDISCHEN
VON CLAUDIA HUBER

SIEVEKING
VERLAG

INHALT

WARUM GERADE VÖGEL?

Ein Trupp Stare treibt sich in der Grafschaft Leicestershire im englischen Twycross zwischen den Gehegen des Zoos herum. Auf Vogelweise, ohne sich um Mauern und Zäune zu kümmern. Plötzlich fliegt einer von ihnen mit Schwung gegen eine Glasscheibe und fällt im Bonobogehege auf den Boden. Die Äffin Kuni geht zu dem verunglückten Star und versucht vorsichtig, den leblosen kleinen Körper aufzurichten – ohne Erfolg. Dann gibt sie ihm einen leichten Klaps, aber der Vogel schlägt nur verwirrt mit den Flügeln, um doch wieder zu fallen. Schließlich trägt die Äffin den Star bis in die Spitze des höchsten Baums des Geheges, wo sie sich mit den Füßen am Stamm festhält, um die Hände frei zu haben. Sie breitet die Flügel des Vogels aus – und wirft ihn wie ein kleines Spielzeugflugzeug in die Luft.

Auch unsere nächsten Verwandten bleiben von Vögeln nicht unberührt – auch sie nicht.

Es ist der Primatenforscher Frans de Waal, der in seinem Buch *Der Affe in uns*[1] von Kuni und dem Star, der im Übrigen wieder zu sich kommt und wegfliegt, erzählt. Er möchte ein Bild von der fürsorglichen Art der Bonobos vermitteln, reflektiert aber auch über das Gefühl für die Lebensweise der Vögel, das die Äffin zeigt. Seit wann faszinieren uns Vögel eigentlich? Reicht der Zeitpunkt weiter zurück als jener Moment, in dem sich vor vielleicht sieben Millionen Jahren in der Stammesgeschichte die Wege von Mensch und Schimpansen und Bonobos trennten?

Diese eine Anekdote über das Verhalten eines einzelnen Affen ist natürlich keine Basis für eine fundierte Theorie, sodass die Frage unbeantwortet bleibt. Aber das Bild des Bonobos in der Baumkrone können wir mitnehmen als Symbol für das, was hier begründet werden soll: dass Vögel berühren. Keine anderen Mitgeschöpfe in der Natur können bei so vielen von uns die Neugier wecken, das Herz erwärmen und den Puls beschleunigen. Niemand steht uns näher.

Darüber wollen wir berichten: über den Vogelgesang, der Freude und Zuversicht verbreitet, den Vogelflug, der Träume von Freiheit weckt, über die Anwesenheit der Vögel, die Jahreszeiten und Landschaft Leben und Charakter verleihen.

Wir sind nicht die Einzigen, die heute über Vögel reden. Das Interesse für die Vogelbeobachtung wächst, 3 000 Euro teure Ferngläser verkaufen sich mühelos, und Sichtungen seltener Vögel finden in den Medien breite Resonanz.

Aber die öffentliche Aufmerksamkeit richtet sich auf eine *bestimmte* Art des Betrachtens von Vögeln: auf jene, die von einem Verlangen nach dem nie zuvor Beobachteten mit einem starken Fokus auf Detailkenntnissen getrieben wird. Um das Besondere vom Alltäglichen unterscheiden zu können, sind feinste Unterschiede im Federkleid und flüchtige Lockrufe zu beachten. Wie soll man sonst einen seltenen Dunkellaubsänger und den banalen – und nahezu identischen – Fitis auseinanderhalten? Wie soll man sonst wissen, welche Müllkippenmöwe alltäglich ist und welche eine Sensation?

Wir, die Autoren dieses Buches, besitzen ein Spektiv. Mit diesem Beobachtungsfernrohr bemühen wir uns, Artunterschiede festzustellen. Und wenn wir eine Vogelart sehen, die wir noch nicht kennen, freuen wir uns. Aber hier soll es nicht um die Verlockungen des Seltenen gehen, sondern um die Wahrnehmung von Vögeln im Alltag, wie sie etwa Kathleen Jamie beschreibt: »Zwischen der Wäsche und dem Abholen der Kinder von der Schule, das ist die Zeit, in der die Vögel in mein Leben treten. Ich lausche. In einer Pause im Verkehr höre ich Austernfischer.«[2]

Wir versuchen nicht, zu begreifen, warum sich Vogelbeobachter für seltene Vögel interessieren. Wir sind eher neugierig, warum so gut wie alle Menschen von den alltäglichsten Vogelerlebnissen berührt werden: von dem Blick des Rotkehlchens, vom Klopfen der Kohlmeisen am Fenster, wenn die Futterstelle leer ist, von den weißen Zeichen, die Möwen in den Sommerhimmel schreiben.

Warum gerade Vögel?

Die Bilder in diesem Buch geben *eine* offensichtliche Antwort: Vögel sind schön. Das gilt nicht nur für die wie Edelsteine funkelnden Blaumeisen und die stattlichen Steinadler. Betrachten wir die Nuancen von Braun des Feldsperlings! Das Blau auf dem Rücken des Kleibers! Wenn man ihnen so nahe kommt, dass alle Nuancen sichtbar werden, jede Schattierung auf jeder kleinen Daune, wird offenbar, dass nicht nur hübsche Vögel schön sind. Es gibt keine mittelmäßigen Arten.

Ab hier lassen wir jedoch, was Farben und Form angeht, die Fotografien sprechen. Beschäftigen wir uns stattdessen mit dem, was sich im Bild nicht einfangen lässt: den Eigenschaften, die Vögel mehr als ihr Äußeres zu Vögeln machen.

VOGELSTIMMEN

Im Nachhinein fragt man sich: Wie fasst die Drosseldame
den Gesang des Drosselherrn auf?
Aber während man zuhört, fragt man sich das nicht.
BJÖRN BERGLUND, *Kottar*[3]

Es gab eine Zeit, da sangen die Vögel nur für uns.

Ja, es gab eine Zeit, in der diese Auffassung vorherrschte. Der eigentliche Zweck des Vogelgesangs sei es, den Menschen zu erfreuen, meinten romantische Skalden und religiöse Autoritäten. Eine höhere Macht sei so freundlich gewesen, die Vögel unseretwegen mit Gesangsvermögen auszustatten.

Heute wissen wir es besser. Den Vögeln ist das menschliche Seelenleben gleichgültig, sie singen für einander. Aber diese neuere Erkenntnis macht das Kommunikationsvermögen der Vögel nicht minder fantastisch. Im Gegenteil, je mehr wir erfahren, umso größer wird die Faszination.

Wenn die Brutsaison bevorsteht, verändert sich der Körper des Männchens. Die Teile des Gehirns, die das sogenannte Gesangskontrollzentrum beherbergen, vergrößern sich. Den dadurch ausgelösten Impulsen kann das Männchen nicht widerstehen. Ob es versteht, was es tut und warum, in dem Sinn, den wir Menschen mit diesem Wort verbinden? Das ist natürlich eine unzulässige Frage. Wissen wir immer, warum wir singen? Die Hauptsache ist, dass das Männchen auf Vogelweise erkennt, dass es nun an der Zeit ist. Und wie es singt! Ein finnischer Wissenschaftler hörte ein Trauerschnäppermännchen innerhalb von 24 Stunden 3630-mal singen, und es heißt, ein Drosselrohrsänger könne seine laute Strophe innerhalb desselben Zeitraums 10 000-mal vortragen.

Die Botschaft lautet: »*Das bin ich, höre, was ich kann!*« Je nachdem, ob es sich bei den adressierten Vögeln um Männchen oder Weibchen handelt, fällt die Reaktion entsprechend anders aus. Studien haben gezeigt, dass das Gehirn eines Vogelweibchens wie das Gehirn eines Menschen reagiert, der Musik hört, die er mag. Das Gehirn des Vogelmännchens hingegen reagiert auf den Gesang des Konkurrenten so wie unsere Gehirne, wenn wir misstönenden Lärm hören.

Das Weibchen hört ein lockendes »*Wähl mich!*«, das Männchen ein aggressives »*Verschwinde!*«.

Die Komplexität des Vogelgesangs übersteigt unser Auffassungsvermögen. Zum einen ist das lauterzeugende Organ in der Vogelkehle (der Stimmkopf oder Syrinx) so konstruiert, dass ein Vogel zwei verschiedene Töne gleichzeitig singen kann, quasi in einem Duett mit sich selbst. Zum anderen ist der Gesang so schnell, dass wir nicht alle Details und Nuancen erfassen können. Unsere auditive Wahrnehmung stößt hier an ihre Grenzen. Anders als die Vögel nehmen wir nicht alle Wendungen wahr, hören gleichsam verschwommen. Nur wenn wir den Gesang aufzeichnen und dann mit reduzierter Geschwindigkeit abspielen, können wir die Gesangskunst der Vögel in ihrer gesamten Bandbreite erfassen.

Dies ist der beste Beweis dafür, dass nicht wir es sind, für die sie singen. Aber dass wir nicht die Adressaten ihres Gesangs sind, hindert uns nicht, uns von ihm berühren zu lassen.

In einer warmen Huldigung des Gesangs der unscheinbaren Bachman-Ammer schrieb der amerikanische Ornithologe William Leon Dawson, dass er es in seinem Körper kribbeln fühlte und ihn den Wunsch verspüren ließ, die Schuhe auszuziehen.

Ohne den Gesang je selbst gehört zu haben, kann man das gut nachvollziehen. Genauso ist es. Die erste Feldlerche. Der Große Brachvogel! Die etwas verloren fragenden Zwielaute der Eiderenten an der Nordseeküste im April: »*Ahuu? Ahuu?*« Man will etwas von sich werfen: die Schuhe, die Kleidung, die Sorgen.

Gibt es *irgendwelche* anderen bewusst geäußerten Laute – außer unseren eigenen –, die sich mit dem Gesang der Vögel messen können, wenn es darum geht, uns zu berühren? Walgesänge faszinieren, aber sie erklingen in einer fremden Welt; in unserer eigenen können wir sie nur in Form von Aufzeichnungen hören, und das ist nicht wirklich dasselbe. Das Heulen der Wölfe – dort, wo wir es hören können – beeindruckt. Das Surren der Hummeln und Singen der Heuschrecken wecken intensive Sommergefühle. Die Laute der Frösche und Zikaden können in südlicheren Breiten gelegentlich an die Tropen gemahnen.

Aber die Vögel sind anders.

Ästhetisch gesinnte Naturschilderer mögen die Stirn runzeln, wenn es darum geht, welche Vogelart nun eigentlich am schönsten singt. Die Geschmäcker sind natürlich verschieden, sodass es sowohl persönliche als auch kulturell bedingte Unterschiede gibt. Die Briten setzen in der Regel die Nachtigall auf Platz eins, in Schweden und Deutschland ist die Amsel wegen ihres Gesangs besonders beliebt.

Staffan Börjesson begnügte sich in *Fågelmusik – ett tema med variationer* (Vogelmusik – ein Thema mit Variationen) nicht damit, eine Rangordnung aufzustellen, sondern ging noch einen Schritt weiter. Er rezensierte den Gesang jeder Vogelart nahezu feuilletonistisch. So sei es die Schwäche der Amsel, dass »es ihr selten gelingt, die Magie längere Zeit aufrechtzuerhalten«, und der Sumpfrohrsänger wirke oft so, »als habe er ein Potenzial, das er nicht voll ausschöpft«.[4]

Das ist unterhaltsam zu lesen und oft sehr treffsicher. Aber die Frage ist, welche Rolle musikalische Brillanz überhaupt spielt. Dass Vögel uns berühren, scheint mit ganz anderen Dingen zu tun zu haben. Wie musikalisch sind eigentlich die Rufe der Kraniche und das dumpfe *»Buho«* des Uhus? Oder nehmen wir das schrille *»Srieh-srieh«* der Mauersegler: Die Rufe klingen nicht schön, aber wie sehr treffen sie das sommerhungrige Menschenherz!

Es sind offenbar andere Faktoren, die eine mindestens ebenso große Rolle spielen wie die Gesangskünste der Vögel: der Ort. Der Zusammenhang. Die Resonanz der eigenen Erinnerung. Besonders intensiv wird das Erlebnis, wenn die Gegenwart auf verflossene Landschaften trifft. Wenn man im Jubellaut der Feldlerche über dem Feld auch die Lerchen vorheriger Frühlinge hört. Wenn man auf den Wiesen unten am Fluss den Großen Brachvogel der Kindheit im heutigen erkennt. Wenn man das Lachen der Moorschneehühner im Land der Rentierweiden mit den Ohren der Vorväter vernimmt. Wenn in der Morgendämmerung die Amsel vom Hausdach singt, wie sie es tat, als man zwanzig war und in einer späten Sommernacht, die in einen frühen Morgen überging, verliebt nach Hause schlenderte.

VOGELFLUG

> *All diese Salven von Geschwindigkeit, diese Volten von Vergnügen, um ein paar Fliegen zu fangen!*
>
> NAN SHEPHERD ÜBER DEN FLUG DER MAUERSEGLER IN *Der lebende Berg*[5]

Barry Lopez' Kurzgeschichte *»Emory Bear Hands' birds«*[6] spielt in einem amerikanischen Gefängnis. Etwas widerwillig lässt sich der Indianer Emory Bear Hands dazu überreden, seine Erinnerungen aus seiner freien Vergangenheit in der kargen Wildnis des nördlichen Montana zu teilen. Eine Anzahl Insassen – jeden Tag mehr – sammeln sich um ihn, und mit der Zeit zeigen die Erzählungen Wirkung. Die Gefangenen legen sich verschiedene Totemtiere zu, beginnen, sich mit diesen zu identifizieren und in der Nacht von ihnen zu träumen. Schließlich löst sich die übliche Hierarchie unter den Gefangenen auf, und die etablierten Banden – »Crips«, »Dragons«, »Bloods« und wie sie alle heißen – verlieren zugunsten neuer Gruppen mit Namen wie »Fuchs«, »Hase« und »Ohrenlerche« an Bedeutung.

Eines Nachts – nachdem die Wärter misstrauisch geworden sind und Emory aus Sicherheitsgründen in ein anderes Gefängnis verlegt wurde – geschieht das Unfassbare. Die Gefangenen empfangen eine Botschaft von dem Alten, in der sie dazu aufgefordert werden, in der nächsten Vollmondnacht zu einer bestimmten Uhrzeit an ihre Vögel zu denken. Als es so weit ist und die Stunde schlägt, wimmeln Zellen und Gänge von Vögeln, und kurz darauf sind alle verschwunden. Die Zellen stehen leer, die Gefangenen sind ausgeflogen.

Auf diese Weise nacherzählt, klingt der Hergang verrückter, als er in Wirklichkeit ist – in der Wirklichkeit der Novelle. Dort scheint die Entwicklung wenn nicht offensichtlich, dann zumindest möglich.

Es sind ja nur Vögel, um die es geht.

Der Vogel ist das Symbol des Fliegens und damit der Freiheit. Wer nachts vom Fliegen träumt, träumt davon, ein Vogel zu sein, nicht eine Flugmaschine.

Der amerikanische Philosoph und Kulturökologe David Abram betrachtet den Flug der Vögel als eine Art Körperintelligenz. Als einen fortgeschrittenen Tanz mit dem Wind, eine unaufhörliche Improvisation mit einem unsichtbaren und äußerst veränderlichen Partner: »Es handelt sich um eine Brillanz, die wahrzunehmen wir schlecht ausgerüstet sind, wenn wir unser eigenes, sehr zentralisiertes Denken als die einzige Art und Weise betrachten, intelligent zu sein. Wenn wir abfällig über die Intelligenz der Vögel oder über die Größe ihrer Gehirne sprechen, übersehen wir, dass dieser Flug selbst eine Art Denken ist, ein Gleiten im Geiste. Das ist eine Gnade, die uns Menschen in unseren Betrachtungen selten vergönnt ist (auch wenn wir beim aufmerksamen Beobachten eines Falken mitunter merken, dass sich sogar unsere Gedanken im Aufschwung befinden).«[7]

Es gibt natürlich nicht nur *eine* Art und Weise, wie ein Vogel zu fliegen. Auf der Erde existieren ungefähr 10 000 Vogelarten, und wenn es auch keine 10 000 Flugarten gibt, so doch sehr viele. Denken wir auf der einen Seite an das geräuschvolle Auffliegen des Fasans und den hastigen Flügelschlag, der erforderlich ist, damit dieser schwere Hühnervogel nicht abstürzt. Auf der anderen Seite an das mühelose »Schwimmen« des Mauerseglers im Luftmeer hoch über unseren Köpfen. Wollte man einen Fasan einem Mauersegler gegenüberstellen, würde jeder normale Mensch den Mauersegler als den Überlegenen ansehen. Tatsächlich aber ist das Flugvermögen beider perfekt – perfekt für ihre Bedürfnisse. Jede der beiden Arten hat exakt die Flügelform, die Flugmuskulatur und das Verhältnis zwischen Flügelfläche und Körpergewicht, die am besten zu ihren Anforderungen passen. Dafür hat der allmähliche Feinschliff des Lebens mithilfe der natürlichen Auswahl gesorgt.

Der Fasan ist ein bodengebundener Laufvogel, der seine Flügel als letzten Ausweg einsetzt, um vor Gefahren zu fliehen. Er startet plötzlich und geräuschvoll, fliegt aber nie weit. Dem entsprechen kleine Flügel und schnelle, explosive Schläge. Mit den langen schmalen Flügeln eines Mauerseglers wäre er todgeweiht gewesen, da sich diese Flügel in der Vegetation verfangen und er sich so nicht vom Boden hätte erheben können.

Der Mauersegler muss dagegen lange in der Luft bleiben, möglichst die ganze Zeit. Denn seine Ernährunsstrategie ist es, Luftplankton zu fressen: Insekten und andere Kleintiere, die so winzig sind, dass sie nicht im üblichen Sinn fliegen, sondern eher wie Staub im Luftmeer herumtreiben. Das wäre dem Mauersegler nicht möglich, wenn er die kleinen Flügel des Fasans und dessen energieaufwendige Flugweise hätte.

Dies vorausgeschickt, sei es uns erlaubt, dem Mauersegler etwas mehr Raum zu widmen als dem Fasan. Wir sprechen hier von der Magie der Vögel als einer wichtigen Erklärung für ihre Anziehungskraft, und in diesem Sinne sind die Mauersegler reizvoller als die meisten. Sie fressen, trinken und paaren sich im Fliegen. Nähert sich ein umfassendes Tiefdruckgebiet, ziehen sie sich nicht irgendwohin zurück wie die meisten anderen Vögel: Sie fliegen umher, bis das Unwetter da ist, umfliegen es und kehren zurück, wenn die Witterungsbedingungen sich wieder stabilisiert haben. Der Ausflug kann sich über mehrere Tage erstrecken und den Vogel über Ländergrenzen tragen – aber das merkt der Mauersegler nicht. Er erkennt keine Grenzen.

In der Aerodynamik, der Wissenschaft der Flugkunst, werden zwei wichtige Eigenschaften der Flügel von Vögeln und Flugzeugen thematisiert. Zum einen handelt es sich um das Verhältnis von Breite und Länge der Flügel. Hier zeichnet sich der Mauersegler mit seinen extrem langen und schmalen sichelförmigen Flügeln aus. Der zweite Aspekt ist die Flügelbelastung, das heißt das Verhältnis zwischen Gewicht und Flügelfläche. Je geringer die Flügelbelastung, desto leichter und eleganter der Flug. Das ist beim Flug der Schwalben und Seeschwalben oder auch Milane und bestimmten Eulen offensichtlich. Auch wenn sich die Flügel dieser Vögel in der Form unterscheiden – die der Schwalben und Seeschwalben sind schmal und spitz, die der Milane gleichmäßig breit und schlank, die der Eulen mehr oder weniger breit und abgerundet –, so ist die Flügelbelastung bei allen ungewöhnlich gering. Ebenfalls gemeinsam haben sie, dass es mitunter so aussieht, als würden sie spielen, wenn sie fliegen.

Die größte Flügelfläche im Verhältnis zum Körpergewicht besitzen die grandiosen Fregattvögel, die in den tropischen Fahrwassern rund um die Erde leben. Der Bindenfregattvogel hat eine Flügelspannweite von bis zu 2,3 Metern bei einem Körpergewicht von nur 1,5 Kilogramm. Wäre die Flügelbelastung eine sportliche Disziplin, wäre er Weltmeister. Genau wie viele andere Meeresvögel verbringen die Fregattvögel fast die ganze Zeit damit, über den Meeren nach Nahrung zu suchen. Dabei ist die Herausforderung besonders groß, weil sie – im Unterschied beispielsweise zu Albatrossen – nicht auf dem Wasser landen können, sondern auf ihren maritimen Wanderungen ständig in der Luft sein müssen. Forscher, die Bindenfregattvögel auf deren Nahrungsflügen beobachteten, konnten feststellen, dass diese bis zu 48 Tage ununterbrochen in der Luft blieben.

Die Mauersegler treiben die Kunst der Langflüge jedoch auf die Spitze. Wissenschaftler der schwedischen Universität Lund konnten 2016 beweisen, was viele vermutet hatten: dass Mauersegler, die in unseren Breiten gebrütet haben und für den Winter nach Süden fliegen, sich nahezu pausenlos in der Luft befinden, bis sie zehn Monate später zu ihren Nistplätzen zurückkehren. Einige der untersuchten Vögel landeten die ganze Zeit hindurch überhaupt nicht.

Man nahm lange an, dass Vögel, die so lange wie Mauersegler und Fregattvögel in der Luft bleiben können, folglich auch in der Luft schlafen müssen, zumindest abwechselnd mit je einer Hirnhälfte. Selbst das konnte schließlich bewiesen werden. Einem deutschen Forscherteam gelang es, die Hirnaktivitäten bei Bindenfregattvögeln während ihrer langen Flugreisen zu messen. Es zeigte sich, dass diese nachts kurze Zeit einnickten, teils abwechselnd mit der einen und der anderen Hirnhälfte, teils mit beiden Hirnhälften gleichzeitig. Jedes Nickerchen dauerte etwa zehn Sekunden, und zusammengenommen schliefen die Vögel nur knapp 40 Minuten pro Nacht. Da ist es nicht verwunderlich, dass sie zurück an Land die Gelegenheit nutzten, pro 24 Stunden zehnmal so lange zu schlafen.

VOGELZUG

Die Störche ziehen jeden Herbst fort. Ob sie in die warmen Länder ziehen, oder ob sie sich auf dem Meeresboden mit den Schwalben ausruhen, ist noch unbekannt, aber sie kommen jedes Jahr wieder …

CARL VON LINNÉ, *Carl Linnæi Skånska resa* (CARL LINNÉS REISE DURCH SCHONEN)[8]

Ende Mai 2010 saßen vier erschöpfte Menschen am Küchentisch in Ånnsjöns Fågelstation, der Beringungsstation in Handöl im westlichen Jämtland, Schweden. Die Zeiger der Uhr näherten sich vier Uhr morgens, und es war eine lange Nacht im Fjäll gewesen, aber wer will schon schlafen, wenn man endlich die lange ersehnte Antwort auf eine Frage bekommen kann? Trotz 100-jähriger Beringungspraxis gab es noch immer schwedische Brutvögel, deren Winterquartier mehr oder weniger unbekannt war. Die Doppelschnepfe war ein solcher Vogel, bis zu dieser hellen Mainacht.

Im Frühjahr des Vorjahres hatte man zehn Doppelschnepfen gefangen und an jeweils einem Bein mit einem Lichtlogger versehen. Diese Art Logger kombiniert Lichtmesser, Uhr und Datenspeicher. Er registriert und zeichnet auf, von wann bis wann jeden Tag die Sonne scheint, was wiederum offenlegt, wo auf der Erde er sich befindet. Technik hat die Vogelzugforschung revolutioniert: Ein Gramm Elektronik genügt, um zu enthüllen, wo ein Zugvogel sich im Winter aufhält. Aber es gibt einen wichtigen Vorbehalt: Der Vogel muss nach seiner Rückkehr im nächsten Jahr wieder gefangen werden, damit man den Lichtlogger abnehmen und die gespeicherten Informationen auf einen Computer herunterladen kann.

Doppelschnepfenmännchen sammeln sich – genau wie Auer- und Birkhähne – an bestimmten Balzplätzen, um um die Gunst der Weibchen zu werben. In dieser Nacht bestätigte sich, dass Doppelschnepfenmännchen gern Jahr für Jahr an denselben Balzplatz zurückkehren. Vogelforschern der Universität Lund, Schweden, war es gelungen, zwei mit Lichtloggern besenderte Vögel zu fangen, und nun lagen die winzigen Apparate auf dem Küchentisch. Einer davon wurde an den Laptop angeschlossen, und plötzlich war die Lösung des Rätsels nur einen Knopfdruck entfernt. Es herrschte andächtige Stille. Bis zu diesem Augenblick wusste niemand, wo Doppelschnepfen überwintern. Jemand drückte »Enter«, und dann hatten sie die Antwort: Kongo.

Bedenkt man, dass die Vögel sich in Schweden auf dem Kahlfjäll, in Osteuropa in Steppengebieten – also in offenem Gelände – aufhalten und dass der Kongo zumindest nach den gängigen Vorstellungen ein Regenwaldland ist, war das eine wirkliche Überraschung.

Noch bemerkenswerter war, dass sich die Vögel ohne Zwischenlandung dorthin begeben hatten: in Nonstop-Flügen von bis zu dreieinhalb Tagen. Und sie waren schnell. Eine der Doppelschnepfen hatte eine Durchschnittsgeschwindigkeit von 96 Kilometern in der Stunde eingehalten!

Eine so schnelle Ortsveränderung über eine so große Entfernung kommt – soweit bisher bekannt – bei keinem anderen Lebewesen auf der Erde vor.

Seit die Vögel irgendwann in ihrer Dinosauriervergangenheit vor mehr als 100 Millionen Jahren ihre ersten Flügelschläge taten, haben sie die Kunst des Fliegens über die Grenzen des vom menschlichen Verstand Fassbaren weiterentwickelt. Nicht nur können manche Arten ihren Alltag fast gänzlich in der Luft verbringen. Die Flugfähigkeit hat darüber hinaus den Vögeln die Welt geöffnet und ihnen ein Kontinente und Weltmeere überspannendes Leben ermöglicht.

Sie sind gewiss nicht die Einzigen, die Länder und Meere durchkreuzen. Im Sommer bekommen wir Besuch von wandernden Libellen, Schmetterlingen, Schwebfliegen und Fledermäusen. Und auch ungeflügelte Tiere unternehmen jahreszeitliche Wanderungen über enorme Entfernungen. Grau- und Buckelwale tun das, die wild lebenden Rentiere in der Tundra, die Gnus in der Savanne.

Aber keine anderen Tiere symbolisieren das Ziehen so wie die Vögel. Niemand sonst zeigt deutlicher als sie, dass die Erde *ein* Ort ist.

Das Phänomen des Vogelzugs hat die Menschen seit Tausenden von Jahren beschäftigt. Rund hundert Jahre lang wurde systematische Vogelzugforschung mittels Beringung betrieben. Nach und nach erweiterte eine immer ausgefeiltere elektronische Ausrüstung das Arsenal der Wissenschaftler, und infolge dessen hat man die Winterquartiere und Zugwege auch äußerst schwierig zu untersuchender Arten erforscht – die der Doppelschnepfe zum Beispiel. Das brachte viele Überraschungen zutage.

Vor wenigen Jahrzehnten nahm man an, dass die äußerste Grenze dessen, was ein Vogel nonstop zurücklegen kann, 4000 bis 5000 Kilometer sind. Daher herrschte eine gewisse Aufregung, als sich zeigte, dass manche Pfuhlschnepfen regelmäßig den gesamten Weg von ihren Brutplätzen in Alaska bis in das Winterquartier in Neuseeland ohne Unterbrechung fliegen. Das ist eine Strecke von 11 000 Kilometern.

Pfuhlschnepfen, die nicht nur in Alaska, sondern auch im nördlichen Skandinavien brüten – das Wattenmeer ist laut Wetlands International der europaweit wichtigste Rastplatz –, sind Watvögel, die nicht auf dem Wasser landen können. Im Gegensatz zu Meeresvögeln wie Albatrossen und Fregattvögeln können sie nicht die ganze Zeit im Gleitflug fliegen, sondern müssen kontinuierlich mit den Flügeln schlagen. Dass ein solcher Vogel den ganzen Pazifischen Ozean überqueren könnte, hatte niemand vermutet. Allein der Gedanke schien lachhaft, wie einer der beteiligten Wissenschaftler die Entdeckung kommentierte.

Der märchenhafte Eindruck bleibt, obwohl diese ungeahnten Fähigkeiten nun bewiesen und dokumentiert sind. Aus unserer bodengebundenen Warte nimmt sich ihr Verhalten als kleines Wunder aus. Die Pfuhlschnepfen legen diese Strecke immer wieder zurück, Jahr für Jahr, ein ganzes Leben lang – und sie können über dreißig Jahre alt werden.

Diese Reisen sind für sie nichts Erstaunliches – nonstop über den Pazifischen Ozean zu fliegen, das machen Pfuhlschnepfen nun einmal.

Ähnlich verhält es sich mit all den großen Fragen danach: wie Zugvögel wissen, dass es Zeit für den Aufbruch ist, wie sie sich orientieren und wie sie die Strecke bewältigen. Unser Detailwissen nimmt ständig zu. Wissenschaftler haben gezeigt, dass Zugvögel sich mithilfe der Sonne, der Sterne, der Landmarken und des Erdmagnetfelds orientieren. Aber als außenstehende Betrachter werden wir nie ganz das verstehen, was für sie Alltag ist.

Das ist nicht anders, als wenn wir versuchen, uns in das Leben eines anderen Menschen zu versetzen, indem wir ein Nachschlagewerk zur menschlichen Physiologie studieren. Dort erfahren wir im Detail, wie Hörsinn, Sehsinn, Tastsinn, Geruchssinn und Geschmackssinn funktionieren und welche Neuronen und Synapsen im Gehirn angesprochen werden. Aber wir erfahren rein gar nichts darüber, wie es faktisch ist, dieser Mensch zu sein, und wie er die Welt erlebt.

Der Vogelzug wird wie alles andere, was die Vögel tun, für uns vermutlich immer unzugänglich bleiben. Unzugänglich und unendlich interessant.

Wollen wir es anders? Sie sind Vögel, wir sind Menschen. Sie haben ihre Flügel, wir unsere Neugier.

DIE NÄHE DER VÖGEL

> *Das ist es, was ich versuchen möchte. Besonders, wenn ich traurig bin: den Zaunkönigen lauschen.*
>
> KATHLEEN DEAN MOORE, *Wild Comfort*[9]

Die Flugkünste der Vögel und ihre Fähigkeit, weite Strecken zurückzulegen, sind erstaunlich. Einen anderen Zusammenhang zwischen ihrem Flugvermögen und ihrer Anziehungskraft auf uns dürfen wir jedoch ebenfalls nicht außer Acht lassen. Dieser Aspekt spielt bei all seiner Banalität möglicherweise eine größere Rolle als alles andere.

Der Vogel *weiß*, dass er Flügel hat. Auch wenn er dasitzt, weiß er, dass er sich jederzeit erheben und in Sicherheit bringen kann. Deshalb trauen sich Blaumeisen und Gimpel, an die Futterstellen vor unseren Fenstern zu kommen. Daher scheuen Dohlen sich nicht, sich nachts in den Bäumen auf dem Marktplatz niederzulassen, nur wenige Meter über den Köpfen der abendlichen Flaneure.

Während die Mehrzahl der Säugetiere aus gutem Grund alles tut, um sich vor uns zu verbergen, wagen es die meisten Vögel, ihr Leben vor unseren Augen zu leben. Sie lassen uns zusehen, wie sie sich necken und flirten, Nester bauen, ihre Jungen füttern und ihnen das Fliegen beibringen. Wir können sie kennenlernen, ohne uns anstrengen zu müssen: Es genügt, Augen und Ohren halbwegs offen zu halten.

Besonders deutlich wird das in den Wintermonaten. Wenn alles abgestorben zu sein scheint oder sich unter die Erde zurückgezogen hat, sind die Alltagsvögel da: Meisen und Rabenvögel, Haus- und Feldsperling. Enten überall da, wo offenes Wasser ist. Aber im Grunde ist es zu allen Jahreszeiten dasselbe: Es sind Vögel, die vor allen anderen Tieren das Leben um uns repräsentieren und symbolisieren. Bestätigung dafür, dass Licht und Wärme nach der dunklen Zeit zurückkehren, finden wir in vielerlei Dingen: Ameisenhaufen beginnen zu wimmeln, Weiden schlagen aus, Hummelköniginnen erwachen. Die ersten Leberblümchen und Schlüsselblumen werden mit Freude bemerkt, an den Birken zeigen sich immer mehr Blättchen. Aber es sind trotzdem die Vögel, die den Einzug des Frühlings am deutlichsten verkünden: singende Feldlerchen, weidende Gänse, die Bachstelze, die plötzlich dasitzt und mit dem Schwanz wippt, das Trompeten der Kraniche, die Flugkünste der jagenden Schwalben.

Ja, die Schwalben! Der britische Naturforscher Gilbert White, für die Engländer ebenso bedeutend wie Linné für die Schweden oder Alfred Brehm für die Deutschen, notierte die Ankunft der ersten Rauchschwalbe am 13. April 1768 in seinem Tagebuch:

»*Hirundo domestica!!!*«[10]

Ein lateinischer Artname und drei Ausrufezeichen, mehr bedurfte es nicht. 250 Jahre später verstehen wir genau, was er meinte. Wir kennen so etwas ja. Dichter haben es bei anderen Vögeln mit anderen Worten beschrieben. So erzählte Ingrid Sjöstrand in einem Gedicht, wie sie an einem Januartag in der zementgrauen Waschküche im Keller vom Gesang einer Kohlmeise aus dunklen Gedanken gerissen wurde:

Um 10:03 beginnt jemand
am Schloss zu feilen.
Die Kohlmeise!
Die Kohlmeise ist da![11]

Und W.H. Auden bemerkte zum Auftauchen des ersten Kuckucks, dessen Ruf trotz seiner zweitönigen, fast kindischen Einfachheit etwas ganz Besonderes ist: »Deshalb schreibe ich in mein Tagebuch, in dem ich normalerweise nur soziale Verpflichtungen und, in den letzten Jahren, den Tod von Freunden notiere, Jahr für Jahr über eine heilige Stunde, dann, wenn ich dich das erste Mal höre.«[12]

Phänologie nennt man das: das systematische Beobachten und Aufzeichnen, wann welche Vögel im Frühling eintreffen, und auch das Notieren anderer jahreszeitlicher Geschehnisse. In Zeiten des Klimawandels ist das eine sehr interessante Forschungsdisziplin, und eine, an der sich jeder beteiligen kann, der ein Beobachtungsbuch führt. Aber die meisten von uns notieren die erste singende Lerche oder die erste Rauchschwalbe nicht, um ihr Scherflein zur Wissenschaft beizutragen, sondern aus dem Wunsch heraus, einen Augenblick des Glücks einzufangen und zu bewahren. Ein Glück, das nicht selten Hand in Hand geht mit einem Gefühl der Erleichterung.

Sie haben es auch dieses Jahr geschafft.
Das heißt, der Globus dreht sich noch [...].[13]

Zwei Zeilen des englischen Dichters Ted Hughes, die den Stellenwert zweier winziger Vogelflügel und die Gefühle, die sie wecken, eindrücklich einfangen. Alles war nicht so düster, wie es wirkte. Die Welt funktionierte weiter, trotz allem.

Vögel als Trost? Das mag lächerlich klingen, aber es funktioniert. Das erlebten wir bei Anna, die wir durch die Arbeit an einem ganz anderen Buch trafen. Während ihrer Leukämiebehandlung verbrachte sie eine lange Zeit isoliert in einem Krankenhauszimmer in Uppsala. Sie hatte Schmerzen. Sie war einsam. Da die Prognose ungünstig war, litt sie unter Todesängsten. Aber sie war nicht unvorbereitet, denn sie hatte alles an Naturfilmen und Tonaufnahmen aus der Natur mit ins Krankenhaus genommen, dessen sie habhaft werden konnte – sowohl gekaufte als auch selbst aufgenommene. Als die Lage am schlimmsten war, sie die größten Schmerzen litt und am meisten Angst hatte, sterben zu müssen, legte sie ein Tonband oder eine CD ein und erfüllte den Raum mit Vogelgesang.

Das half! In Gedanken ging sie im heimatlichen Wald spazieren und wurde plötzlich derjenigen ähnlicher, die sie dort gewesen war – eine gesünderer und stärkerer Mensch, der keine Schmerzen hatte und sich nicht fürchtete. Anna behauptet nicht, dass der Vogelgesang die Medizin war, die sie rettete. Aber er gab ihr die Kraft, den Kampf aufzunehmen.

Ein ähnliches, aber alltäglicheres Bild von der heilenden Zerstreuung, die ein Vogel schenken kann, gibt die britische Autorin Iris Murdoch wieder: »Ich schaue aus meinem Fenster, bin unruhig und zerknirscht, grüble über eine empfundene Rufschädigung. Da erblicke ich plötzlich einen rüttelnden Turmfalken. Augenblicklich ist alles anders. Kein Grübeln über die verletzte Eitelkeit mehr. Nun gibt es nichts außer dem Turmfalken.«[14]

Auf dieselbe Weise kann eine Wintervogelfütterung in einem Wald im nordschwedischen Vuollerim Kummer und Frust vertreiben. Dort sind Lapplandmeisen und Weidenmeisen so wenig scheu, dass sie sich einem auf die Mütze setzen oder aus der Hand fressen. Ein tiefes, friedvolles Vergessen liegt in der Begegnung mit einem solchen Lebewesen: Es ist so anders, dass man vergisst, sich wie ein Mensch zu verhalten, und gleichzeitig so nah, dass man sich vollständig und vorbehaltlos akzeptiert fühlt. Es gibt nur noch Vogel und Wald.

Zu Anfang schrieben wir, dass dies kein Buch über Vogelbeobachtung ist, im Sinne eines hingebungsvollen Interesses an Vogelbestimmung: je seltener die Vögel, desto besser ... Für Vögel empfänglich zu sein ist viel einfacher und viel mehr. Das ist kein Hobby, sondern eine liebevolle Offenheit gegenüber einem größeren Wir, zu dem wir als Menschen gehören dürfen.

Zu wissen, dass man ein aktiver Teil des Lebens auf der Erde ist, ist großartig, aber dafür bedarf es keiner besonderen Offenbarung. Vielleicht sind es eher die Begegnungen mit kleinen Lebewesen, die wir Rotkehlchen und Seidenschwanz nennen? Oder ein blasender Wal, ein springender Lachs, ein blühender Ahorn voll Hummelköniginnen, eine schlüpfende Libelle – wenngleich solche Begegnungen deutlich seltener sind.

Vögel sind nicht besser, schöner oder edler als andere Lebewesen. Aber den meisten von uns sind sie am nächsten. Sie sind unser direktester Kontakt mit der großen Welt außerhalb der engen Menschenwelt.

Deshalb ausgerechnet Vögel!

WINTERGOLDHÄHNCHEN. Björn Berglund bekennt in *Mamma i skogen* (Mama im Wald), einer Sammlung von Beobachtungen zum Zusammenleben von Natur und Mensch: »Glück ist, in der Realität – nicht nur im Traum – dem kleinsten Vogel unfassbar nahe zu sein [...]. Ein Wintergoldhähnchen weiß nichts davon, aber er oder sie trägt dazu bei, ein menschliches Bedürfnis zu stillen.«[15]

Für denjenigen, der diese Form des Glücks nie erfahren hat, mag es etwas merkwürdig klingen, dass ein Wintergoldhähnchen so starke Gefühle hervorrufen kann. Das meiste ist an Europas kleinstem Singvogel ja unscheinbar, nicht nur die Größe. Der Schnabel ist nadeldünn. Die Farben seines Gefieders ähneln denen jener Materialien, aus denen er sein Nest baut: Moose, Flechten und Spinnweben.

Das Menschenherz ist besonders für das empfänglich, was klein ist. Und dann ist da ja noch das Gesicht! Das erkennt man nicht, wenn man die Wintergoldhähnchen auf die übliche Entfernung sieht, wie sie hoch oben in den Fichten unglaublich gründlich die äußersten Zweigspitzen absuchen. Aber es gibt die seltenen Augenblicke, in denen man ihnen so nah kommt, dass man den leuchtend gelben Scheitelstreif auf dem kleinen Kopf erkennt und dem Blick des Wintergoldhähnchens begegnet. Dann wird deutlich, dass man es mit einem Wesen zu tun hat, das Großes vollbringen kann.

Überleben zum Beispiel.

Man könnte vermuten, dass dieser Winzling keine der Überlebensstrategien für den nordischen Winter verfolgen kann: weder nach Süden ziehen noch der Kälte trotzen. Wintergoldhähnchen machen jedoch beides. Manche ziehen nach Süden, andere bleiben. Beide Strategien können für kleine Tiere lebensgefährlich sein, aber genau deshalb hat es sich als zukunftsträchtig erwiesen, beide zu nutzen. In manchen Wintern sterben ungewöhnlich viele unter den ziehenden Vögeln – dann retten die Nichtzieher die Art. In anderen Wintern ist das Messer der nordischen Kälte besonders scharf – jetzt füllen die Zieher die Lücken, wenn sie im Frühjahr zurückkehren.

Ob ein Wintergoldhähnchen den Winter in den nördlichen Breiten überlebt oder nicht, ist eine Frage des Appetits. In dieser Jahreszeit gleicht das Wintergoldhähnchen einem hyperaktiven kleinen Motor mit einem winzigen Tank. Damit der Treibstoff nicht ausgeht, muss der Tank unablässig nachgefüllt werden. Wenn es richtig kalt ist, wird jede dritte Sekunde ein Bissen benötigt. Nur wenn das Wintergoldhähnchen sämtliche hellen Stunden eines Wintertags für die Nahrungsaufnahme nutzt, kann es sein Gewicht so weit erhöhen – um eineinhalb Gramm –, dass es die folgende Nacht übersteht.

Am nächsten Morgen wiegt es wieder fünf Gramm und muss erneut schnellstens fressen. Ja, fünf Gramm! – Mehr wiegt der kleinste Vertreter unserer Vogelfauna nicht. Man braucht also fast zweitausend Wintergoldhähnchen, um einen einzigen Höckerschwan aufzuwiegen.

Der wissenschaftliche Name des Wintergoldhähnchens lautet *Regulus regulus,* »Kleiner König«. Und ein kleiner König ist es nach einer bekannten schwedischen Sage, die nichts mit Ludwig Bechsteins Märchen *Goldhähnchen* zu tun hat, wirklich.

Folglich gab es für Måd Östberg, als sie sich ihr erstes Tattoo stechen ließ, hinsichtlich des Motivs keinen Zweifel:

Ich zeichnete ein Wintergoldhähnchen und ging zum Tätowierer und fragte: »Bekommst du das hin?«

»Ja klar«, antwortete er.

Ich wollte ein Tattoo haben, das sonst niemand hat. Dass es gerade ein Wintergoldhähnchen wurde, liegt daran, dass dieser Vogel mein kleiner Liebling ist, seit ich als Kind die Sage darüber hörte, wie er zu seinem Namen kam. Ich fand ihn so frech!

Und das war so: Die Vögel wollten einen König haben, und derjenige, der am höchsten fliegen konnte, sollte die Krone bekommen. Der Steinadler konnte unglaublich hoch fliegen, und als er ganz hoch oben war, rief er: »Nun bin ich der Höchste, nun bin ich König!« Da erhob sich das kleine Wintergoldhähnchen vom Rücken des Adlers, auf dem es versteckt gesessen hatte, und flog noch ein bisschen höher.

Obwohl ich ein kleines Mädchen war, wusste ich, wie groß ein Steinadler ist und wie klein ein Wintergoldhähnchen. Dass der kleine Vogel den großen besiegen konnte, war magisch. Das ist bei mir hängen geblieben. Klein und tough und unglaublich süß, so ist das Wintergoldhähnchen.

MEHLSCHWALBE. Wenn man nur von Insekten lebt, ist es keine gute Idee, im Frühjahr zu zeitig in nördliche Breitengrade zurückzukehren. Zuerst muss es so warm geworden sein, dass Insekten fliegen. Deshalb trifft die Mehlschwalbe, diese kleine Luftakrobatin, meistens nicht vor Anfang Mai ein.

Unmittelbar nach der Rückkehr beginnt das Schwalbenpaar mit dem Bau seines kunstvollen Nests. Sind vom Vorjahresnest noch Reste da, auf denen man aufbauen kann, tun sie das, sonst beginnen sie neu. Klümpchen nassen Lehms oder Tons werden Schnabelspitze für Schnabelspitze herangeschafft und verbaut, bis zum Schluss eine geschlossene Schalenform mit kleinem Einflugloch entstanden ist. Zwischen 1 000 und 1 500 Materialflüge sind notwendig, bis das Nest fertig ist.

Hinter dem engen Eingang ist das Nest überraschend geräumig. Die ganze Familie pflegt darin zu übernachten, auch dann noch, wenn die vier oder fünf Jungen schon auf eigene Faust umherfliegen und fast so groß sind wie ihre Eltern. Im Extremfall drängen sich bis zu 14 Tiere in ein Nest. Mehrere Schwalbenarten zeigen dieses Verhalten, wenn das Wetter wirklich schlecht ist, um gegenseitig von der Körperwärme zu profitieren.

Der typische Platz für ein Mehlschwalbennest ist hoch oben an einem Gebäude unter dem schützenden Dachvorsprung. Ja, so selbstverständlich ist die Verbindung zwischen Mehlschwalben und Häusern, dass es schwerfällt, sich vorzustellen, dass die Schwalben es einmal anders gemacht haben sollten.

Das haben sie natürlich. Erdgeschichtlich betrachtet, gibt es Gebäude erst seit wenigen Augenblicken. Die längste Zeit mussten die Mehlschwalben sich mit Höhlen an Felswänden und Klippen begnügen.

Auch heute noch brüten Mehlschwalben an Küstenklippen, beispielsweise auf Rügen oder der schwedischen Insel Gotland. Aber in der Regel sind die Außenwände von Häusern der Neststandort der Wahl. Auch die verwandte Rauchschwalbe hat unsere Bauten erobert, aber im Unterschied zur Mehlschwalbe baut die Rauschschwalbe ihr Nest am liebsten *in* Scheunen und Schuppen.

Die ähnlichen und doch unterschiedlichen Präferenzen, was den Brutplatz angeht, sind nicht das einzige Feld, auf dem sich Mehl- und Rauchschwalben einnischen – alles vor dem Hintergrund, direkte Konkurrenz zu vermeiden.

Schwalben fangen im Flug Insekten, so wie es auch Mauersegler tun. Aber die verschiedenen Arten jagen in unterschiedlicher Höhe. Die Rauchschwalben jagen am bodennächsten, die Mehlschwalben darüber (durchschnittlich in 21 Meter Höhe, wie jemand ausgerechnet hat) und die Mauersegler am höchsten. Die einzige Ausnahme ist, wenn bei rauem Wetter die Beuteinsekten niedrig fliegen. Dann sind alle drei gezwungen, in Bodennähe zu jagen.

Auch was die Beutewahl angeht, unterscheiden sich die Geschmäcker. Die Rauchschwalbe fängt vergleichsweise große Insekten, die Mehlschwalbe nimmt kleinere, schwärmende Fluginsekten, beispielsweise Blattläuse und Kriebelmücken, und der Mauersegler wählt die kleinsten – die man Luftplankton nennt, weil sie eher in der Luft treiben als fliegen.

So nähert sich die Saison ihrem Ende, nachdem das Mehlschwalbenpaar möglicherweise ein zweites Mal gebrütet hat. Nun ziehen sie bald nach Süden, vielleicht bis Südafrika.

Aber zuerst sammeln sich die geselligen Mehlschwalben in großen zwitschernden Scharen, als wollten sie sich vor der Reise absprechen. Am beliebtesten sind Strom- und Telefonleitungen. So archetypisch ist der Anblick von Schwalben auf Drähten, dass man sich – wiederum – fragt, was sie um alles in der Welt gemacht haben, als es noch kein Telefon- und Stromnetz gab.

Und was sollen die Schwalben machen, wenn die oberirdischen Telefon- und Stromleitungen immer weiter verschwinden? Letzteres beunruhigte Rose-Marie Kristofferson so sehr, dass sie zu handeln beschloss:

Bei uns gab es immer Mehlschwalben. Und seit meiner Kinderzeit waren die Stromdrähte Schwalbendrähte, daher verzweifelte ich, als das lokale Energieunternehmen die Masten abbauen und die Stromkabel vergraben wollte. Ich rief dort an und redete mit einem Angestellten: »Sie halten mich vermutlich für völlig verrückt, aber ich frage mich, ob Sie die Masten und Leitungen bei mir stehen lassen können, um der Schwalben willen«, sagte ich. Er antwortete: »Ja, ich halte Sie für ein bisschen verrückt, aber ich sehe keinen Hinderungsgrund, Masten und Leitungen nicht stehen zu lassen. Aber dann sind Sie dafür verantwortlich.«

Und so geschah es. Ich schrieb auf Facebook, wie froh und dankbar ich war. Und dann konnte ich dem Energieunternehmen mitteilen: »Die Leute lieben Sie für das, was Sie für die Schwalben getan haben!«

SPERLINGSKAUZ

SPERLINGSKAUZ. Verwunderung ist die meistverbreitete Reaktion bei der ersten Begegnung – dass es *so* kleine Eulen überhaupt gibt. Mit einer Körperlänge, die mit der eines Haussperlings vergleichbar ist, ist der Sperlingskauz die kleinste der 13 europäischen Eulenarten.

Die geringe Größe ist natürlich eine der Ursachen dafür, dass der Sperlingskauz so leicht zärtliche Gefühle bei uns menschlichen Betrachtern weckt. Dazu kommt noch seine Verwegenheit. Der Sperlingskauz lädt ungewöhnlich freigebig zu sich sein: Trifft man auf einer Skitour oder einem Spaziergang auf ihn, kann man ihm oft richtig nah kommen, ohne dass er nervös wird. Die runden Augen erwidern ruhig den Blick – oder besser, die Eule schaut durch einen hindurch, als wäre man nicht existent, vollauf beschäftigt mit dem Spähen nach kleinen Nagern im Gras des Vorjahres. Einem so vertrauensvollen Verhalten lässt sich nur schwer widerstehen.

Nein, es ist nicht zu leugnen, dass der Sperlingskauz einen hohen Charmefaktor hat, daran kann auch der grimmige Winkel der Augenbrauen nichts ändern. Für die Beutetiere ist er jedoch alles anderes als goldig. Trotz der Tatsache, dass ein Sperlingskauz auf einer Handfläche Platz hat und unwesentlich mehr als ein Würfel Hefe wiegt, ist er ein geschickter Jäger. Er kann in Einzelfällen sowohl Spechte als auch Drosseln schlagen, Vögel, die deutlich größer und schwerer sind als er selbst. Meist gilt sein Interesse jedoch kleinerer Beutetieren wie Kleinvögeln und – besonders im Winter – Wühl- und Spitzmäusen.

So klein zu sein hat Vor- und Nachteile. Auf der einen Seite jagt der Sperlingskauz in Jagdgebieten, die für größere Eulen und Greifvögel unzugänglich sind, da er sich sogar in dichten Wäldern durchmanövrieren kann. Auf der anderen Seite steht er jeden Winter vor einer schwierigen Herausforderung. Um den kleinen Körper warm zu halten, ist ein größerer Energieumsatz erforderlich. Der Sperlingskauz muss daher oft fressen, um nicht zu erfrieren.

Um dem Tod ein Schnippchen zu schlagen, hamstert er. Im Spätherbst beginnt er, Fang für Fang ordentlich mit dem Bauch nach unten in Spechthöhlen oder Starenkästen aufzuschichten. Auf diese Weise gibt es immer Nahrung, sogar an schlechten Jagdtagen. Ein Vorrat von etwa zwanzig Wühlmäusen, Spitzmäusen und Kleinvögeln ist nicht ungewöhnlich, aber mitunter sind es deutlich mehr. Bis zu 200 Beutestücke wurden in einem einzigen Versteck gefunden.

Dass so viel über die Gewohnheiten des Sperlingskauzes bekannt ist, beruht sicher auf der Tatsache, dass er gern in Nistkästen sowohl brütet als auch Vorräte anlegt. Nistkastenvögel sind immer leichter zu beobachten als andere. Vermutlich spielt auch das zutrauliche Verhalten des Vogels in diesem Zusammenhang eine Rolle: das Gefühl, dass man nah herankann und Vertrauen genießt. Es gibt viele Männer (ja, meist scheint es sich um Männer zu handeln), die Tage, Wochen und Jahre damit verbringen, mit den Kleinen eine Beziehung aufzubauen. Es ist, als mache der Sperlingskauz süchtig. Einer von denen, die sich ihrer Anziehungskraft nicht entziehen können, ist Leif Carlson. Er hat unzählige Stunden seines Lebens neugierig und beglückt in ihrer Nähe verbracht:

Es gibt wenige Vögel, die einen so dicht an sich heranlassen, wie die Sperlingskäuze. Man kann mit ihnen in Kontakt treten, ohne das Gefühl haben zu müssen, im Weg zu sein. Sie machen das Ihre und man kann sich in aller Ruhe niederlassen und beobachten, was sie tun: Wie das Weibchen ausdauernd im Nest herumwerkelt und wie das Männchen mit Beute kommt. Mit einem Mal schleppt es ein Drosseljunges heran, das viel schwerer ist als es selbst. Es übergibt dem Weibchen die Beute, das es mit etwas Mühe das letzte Stück zum Einflugloch hochhebt. Das Weibchen steht gleichsam senkrecht in der Luft und die Flügel schlagen so schnell wie die eines Insekts.

Und all das geschieht, während ich danebensitze. Sie wissen, dass ich da bin, aber es kümmert sie nicht. Bis zu dem Zeitpunkt, an dem die Jungen das Nest verlassen. Dann bin ich nicht länger willkommen, weshalb ich sie in Ruhe lasse. Die ersten Stunden und Tage außerhalb des Nests sind die Jungen verletzlich, da sie noch nicht gut fliegen können. Dann protestieren die Eltern wie andere Vögel, sollte man in die Nähe kommen. Und man riskiert eine Kratzwunde.

AMSEL. Sie wäre kaum zum Nationalvogel Schwedens gewählt worden – zweimal übrigens –, wenn es nur um ihr Aussehen ginge. Gewiss ist die Amsel hübsch, besonders ein kohlschwarzes Männchen mit leuchtend gelbem Schnabel und Augenring. Aber das Äußere ruft nicht solch intensive Gefühle hervor, als dass es erklären könnte, warum dieser Vogel zum nationalen Kleinod ernannt wurde.

Es ist der Gesang. Es gibt keinen anderen Vogel, zumindest nicht in unserem Teil der Welt, der so viele Menschen mit seiner Art zu singen berührt. Bei der Amsel ist jede Strophe ein kleines Meisterwerk. Der Klang ist tief und voll, die Phrasierung exakt.

Die Amsel berührt. In einer der beliebtesten Sendungen des schwedischen Radioprogramms, »Naturmorgon«, schnitt Lasse Willén eine singende Amsel in Ray Charles' »Georgia on my mind«. Amerikanischer Soul und schwedische Seele. Das Duett hat eine magische Wirkung. Für den deutschen Komponisten Heinz Tiessen, der 1953 sogar eine Studie über die Tonsprache des Amselgesangs veröffentlichte,[16] war die Amsel der musikalisch höchststehende Singvogel Mitteleuropas. Die Nachtigall habe zwar mehr Möglichkeiten, die Amsel sei aber die talentiertere Komponistin.

Viele halten den Gesang der Amsel für wehmütig. Sicher, die Amsel klingt nicht so fröhlich wie die Feldlerche. Aber existiert die Wehmut nicht vor allem in den Ohren des Zuhörers? Ein Stich ins Herz angesichts der Vergänglichkeit des Lebens und der Schönheit? Ist es das, was die Amsel mit solcher Präzision in Töne umsetzt?

Anders formuliert: Selten sind sich Biologie und Poesie näher als beim Gesang der Amsel. Im Vorwort zur Anthologie *The Poetry of Birds* erzählt der

Herausgeber Tim Dee, dass er 2005 als Jurymitglied eines großen britischen Lyrikwettbewerb *alles* an Poesie las, was in diesem Jahr veröffentlicht wurde. Das wichtigste Subjekt war die Amsel. »Gedichte über Amseln – viele davon gut – waren weit häufiger als Gedichte über den Krieg im Mittleren Osten oder andere nahe liegende Themen.«[17]

Ihre Nähe ist es, was zu dieser einzigartigen Stellung der Amsel beiträgt. Einst war sie ein Waldvogel, aber sie hat ihren Lebensraum erweitert und sogar die Städte erobert. In den Büschen der Stadtparks hört man das erregte Tixen, eine schnelle Folge scharfer Laute, die in Zetern übergehen kann. Mit einem durchdringenden und lauten »Siih« warnen Amseln vor Feinden aus der Luft. Auf den Wiesen in den Gärten und Schulhöfen suchen sie nach Würmern.

Sogar im Winter sitzen sie in den Gärten der Reihenhaussiedlungen in den Berberitzen, die Körperfedern zur Kugelform aufgeplustert. Die Art ist nämlich nicht nur ein Stadtvogel geworden, sondern in zunehmendem Maße auch ein Standvogel. Eine Ursache ist die Klimaerwärmung, aber sicher trägt auch dazu bei, dass Hunderttausende sie im Winter füttern. Einer der vielen Beschützer der Amseln ist der schwedische Autor und Künstler Ulf Lundell. In seinem Roman *Visenterna* (Die Wisente) schildert er, wie er eine Amsel durch das geschlossene Fenster hört:

> *Sie singt wieder.*
> *Das ist die Belohnung.*
> *Mindestens 700 000 Jahre ist dieser Vogel uns gefolgt, wie die Krähen den Wölfen, die Saatkrähen den anderen, schnappte auf, was wir ihnen*

von unseren Wohnplätzen, Höhlen, Hütten aus zuwarfen. Meine fünfzig Kilo Äpfel verschaffen mir einen ganzen Sommer Amselgesang. Das nenne ich eine Investition.[18]

Amseln füttern. Das hat auch Alicia Sivertsson ihr ganzes Leben lang getan und wurde reich belohnt, wie sie erzählt:

Die Amsel war der erste Vogel, dessen Namen ich lernte. Wir fütterten Massen von Kleinvögeln im Garten vor unserem Haus, aber die Amseln kamen mir am nächsten. In einem Jahr hatten sie ihr Nest unmittelbar neben dem Platz, an dem wir abends saßen und aßen.

Das Weibchen war mit meiner Mutter verbündet, aber das Männchen suchte Kontakt zu mir und schien mich wiederzukennen. Es konnte mich auf der Straße erwarten, wenn ich auf dem Heimweg war, manchmal sah und hörte ich es von Weitem, wie es im Goldregen vor dem Haus saß und sang. Dann hüpfte es vor mir her in der Hoffnung, Rosinen zu bekommen. Das war eine nette Begrüßung – wie ein »Willkommen zu Hause«.

Wenn ich auf dem Sofa saß und fernsah, setzte es sich hier und da auf das Fenstersims und schaute herein. Sobald ich aufstand, flog es um die Ecke und wartete an der Tür auf der anderen Seite auf eine Leckerei.

Ich habe eine Amsel auf einen Secondhandpullover gestickt, um ein hässliches Logo zu überdecken. Ich brauchte vier bis fünf Stunden dafür, saß den ganzen Abend daran und vergaß das Abendessen. Ein Foto meines Amselfreunds diente als Vorlage. Es fühlt sich sicher an, eine Amsel wie einen Schutzengel über dem Herzen zu tragen.

FASAN. Der britische Ornithologe und Sprachwissenschaftler M. F. M. Meiklejohn war im Oktober 1952 Zeuge eines Ereignisses mit einem Fasan, das dank Meiklejohns Sinn für Humor überliefert ist.

Der fragliche Fasan, eine Henne, wurde südlich von Dunbar an der schottischen Küste auf einer halb überspülten Klippe 20 Meter vom Ufer entfernt im Wasser sitzend entdeckt. Plötzlich trug eine Welle den Vogel ins offene Wasser hinaus. Nachdem er wenige Sekunden auf der Wasseroberfläche getrieben war, erhob er sich und flog an Land. Das war alles.

»Das ist vermutlich der einzige bekannte Fall eines Fasans, der etwas Interessantes macht«, schrieb Meiklejohn im *Edinburgh Bird Bulletin.* Natürlich ging es ihm hauptsächlich darum, seine Leser zu unterhalten, aber der Kommentar sagt einiges über die Meinung vieler Ornithologen zum Fasan aus. In der Tat viel mehr als über den Fasan selbst.

Auch in anderen Ländern herrschte eine gewisse Skepsis gegenüber dieser Art. So meinte etwa der Schwede Sten Selander, Fasane wirkten künstlich, »wie mechanisches Spielzeug für den Kaiser von China«. Zumindest seien die Hähne prächtig anzusehen, wenn Frühlingsgefühle die Kopfseiten wie rotes Siegellack leuchten lassen. »Dass sie sich so hässlich anhören, wenn sie den Schnabel öffnen, kann ich ja nicht ändern. Ich frage mich, wie es sich wohl anhört, wenn ich selbst singe.«[19]

Der Fasan stammt ursprünglich aus Mittelasien und wurde in Europa vor allem zu Jagdzwecken eingeführt. Ob er sich halten könnte, wenn Jäger nicht regelmäßig neu Küken aussetzen würden, ist fraglich. Vermutlich beruht die wenig freundliche Einstellung gegenüber der Art darauf, dass sie eingeführt wurde und daher bewusst oder unbewusst als weniger »natürlich« angesehen wird als andere Arten, die aus eigener Kraft zu uns gekommen sind. Einen Fasan zu sehen ist auch nichts Besonderes. Jemand hat sie ja zu Hunderten in der Natur ausgesetzt, wo sie wie aufgescheuchte Hühner herumfliegen und sich – böse ausgedrückt – auf Landstraßen überfahren oder von Hobbyjägern erschießen lassen.

Und plötzlich passiert es: Ein Fasan reagiert so, dass man sich unvermittelt seines ungezähmten Kerns bewusst wird, beispielsweise, wenn ein Trupp sich nachts hoch oben im Kirschbaum eines Garten niederlässt, um umherstreichenden Raubtieren zu entgehen. Genauso, wie es ihre wilden Artgenossen in der asiatischen Heimat tun. Oder jemand weiß etwas Überraschendes über diese Art zu erzählen. Liest man die Beschreibung des Künstlers und Ornithologen Lars Jonsson über das Werben der Fasanenhähne um die Hennen in seinem Buch *Wintervögel*, ist der Fasan als Art mindestens ebenso spannend wie das Auerhuhn.

»Das Männchen präsentiert dem Weibchen seine gesamte Oberseite, indem es den Körper zur Henne hin seitlich abwinkelt und ihn breit werden lässt, sodass eine Art Teppich aus allen Farben und Mustern entsteht. Die Schwanzfedern breitet es fächerförmig aus. Der Hahn stellt sich der Henne ständig in den Weg, als wolle er sie wie ein aufdringlicher Teppichhändler zwingen, seine ganze Pracht zu bestaunen. Zu Beginn des Frühjahrs ignoriert die Henne das Werben des Hahns, sie pickt weiter nach Nahrung. Aber vermutlich findet sie ihn mit fortschreitendem Frühjahr immer attraktiver.«[20]

Der Fasan stammt also aus Asien, wo er in einer Reihe ähnlich aussehender Unterarten vom Kaukasus im Westen bis Korea und Taiwan im Osten vorkommt. Auch wenn Jahrhunderte der Aufzucht und Aussetzung dazu geführt haben, dass sich die Gene der verschiedenen Varianten gemischt haben, kann man auch bei uns Hähne mit unterschiedlichem Federkleid entdecken, die die Wurzeln in den verschiedenen Regionen Asiens widerspiegeln. Man nimmt beispielsweise an, dass Hähne mit weißem Halsring ihren Ursprung in China haben, solche ohne weißen Halsring hingegen aus dem Kaukasus stammen.

Wo sie einst auch hergekommen sein mögen – nun sind die Fasane bei uns. Und den Menschen, die aus irgendeinem Grund gegen ihren Charme immun sind, entgeht etwas, meint Ulf Kvarnmalm:

Fasane klingen wie alte Volvos mit kaputtem Anlasser und wirken mitunter etwas dämlich – ich finde jedoch, sie sind wunderbar, exotisch und andersartig. Es gibt Ornithologen, die schlecht über Fasane reden, das finde ich gemein. Sie verdienen Aufmerksamkeit!

Ich habe schon immer eine Beziehung zu Fasanen gehabt. Sie gehörten zu meinem Alltag. Mein Vater jagte in der Umgebung unseres Wohnorts mit unserem englischen Setter Maja vor allem Vögel, natürlich auch Fasane. Ich erinnere mich, dass wir Fasane aßen, sie wurden mit Kartoffeln, Soße und Gelee serviert. Es tat mir um die Vögel nicht leid damals, es war einfach normal. Aber es roch merkwürdig im ganzen Haus, wenn die Vögel gerupft und geflämmt wurden. In meinem Zimmer hatte ich eine ganze Wand mit Bildern von Hunden und prächtigen Fasanenfedern, die ich mit Stecknadeln befestigte, darunter ein vollständiges Schwanzgefieder eines Fasans, das ich von meinem Vater bekommen hatte.

Heute macht es mir Freude, Fasane zu beobachten, wenn ich kann. Wir haben einen einsamen Hahn, der an die Vogelfutterstelle an unserer Hütte auf Öland kommt. Ich freue mich – und lache mitunter –, wenn ich ihn sehe. Und dann dieser Ruf!

BACHSTELZE

BACHSTELZE. Im Kriegsjahr 1941, als Sten Selander über die tröstende Freude, die das Blau des Frühlingshimmels weckt, schreibt, äußert er sich auch zur Bachstelze. Sie kommt »wie ein flüchtiger zwitschernder Aprilschauer«,[21] nachdem sie über stumme verdunkelte Städte, Gefangenenlager und Betonfestungen, Uniformen und Hungersnot hinweggeflogen ist.

Die ersten Bachstelzen im Frühling berühren – weit über den Kreis der Menschen hinaus, die sich selbst als Vogelbeobachter bezeichnen. Wollte man den Vogel küren, der die Ankunft des Frühlings symbolisiert, sollte die Bachstelze den Sieg davontragen.

Es gibt mehrere Erklärungen, warum das so ist.

Erstens kommt die Bachstelze zu einer Zeit zurück, in der wir Menschen Frühlingszeichen geradezu herbeisehnen: zwischen Mitte März und Mitte April.

Zweitens ist die Art leicht zu erkennen. Kein anderer Vogel ist so gefärbt, und kein anderer wippt auf gleiche Weise ständig mit dem langen Schwanz. Wegen des Schwanzwippens wird sie im Plattdeutschen auch »Wippsteert« genannt. Aufgrund dieses Charakteristikums hat sie sogar Eingang in die flandrische Märchenwelt gefunden, wo ihr Wippen mit der beängstigenden Erinnerung an den einst stattgefundenen Krieg der Vögel mit den vierfüßigen Tieren begründet wird.[22] Die Bachstelze gehört vermutlich zu den Vogelarten, die die meisten Menschen wiedererkennen und benennen können.

Drittens ist sie pünktlich. Zumindest früher konnte man überall fast auf den Tag genau vorhersagen, wann die Bachstelze zurückkehrt. In letzter Zeit scheint sich ihr Kalender etwas verschoben zu haben: Sie kehrt früher zurück, vermutlich aufgrund der Klimaerwärmung. Aber das ist kein Widerspruch zur festen Routine: Die Bachstelze bleibt voraussichtlich pünktlich, nur der Zeitpunkt ist ein anderer. Grund für die Regelmäßigkeit ist, dass die Art nicht flexibel sein und ihren Zug nach Norden an das herrschende Wetter anpassen kann, wie es Kurzstreckenzieher wie Kiebitz und Feldlerche tun können. Die Bachstelze, die sich im Winter vielleicht in Ägypten oder Israel aufhält, kann nicht wissen, wie das Wetter in Mitteleuropa oder Skandinavien ist, wenn sie sich nach Norden auf den Weg macht. Sie muss ihrer inneren Uhr folgen, deren Wecker – das Aufbruchssignal – von den Erfahrungen früherer Generationen gestellt wurde.

Viertens hält sich die Bachstelze gern in unserer Nähe auf. Im Grunde genommen braucht sie uns Menschen nicht: Offene Gebiete, um dort Insekten zu jagen, findet sie auch an einsamen Gebirgsseen und auf isolierten Schären an der Küste. Dennoch sind wir ganz nützlich, wenn es darum geht, für die Bachstelze Nahrungsbiotope in Form von Feldern, Grünflächen, Radwegen und Parkplätzen zu schaffen. Folglich findet sich die Bachstelze überwiegend da, wo wir sind.

Ein weiterer Grund für unsere Liebe zu Bachstelzen könnte auch in unserer bäuerlichen Vergangenheit liegen. In Teilen Bayerns wurde diese Art früher »Ackermännle« genannt, in Schweden heißt sie übersetzt »Saatstelze«. Mit ihrer Ankunft im Frühling verband man im nordeuropäischen Volksglauben ein Omen für die kommende Ernte: Saß die erste Bachstelze, die man sah, auf dem Hausdach, würde es eine reiche Ernte geben, saß sie auf dem Boden, würde sie gering ausfallen. Eine andere Variante des Aberglaubens lautete:

Erblickte man die Bachstelze erstmals im Jahr von vorn (und damit den schwarzen Brustfleck), war Kummer zu erwarten, sah man sie von hinten, kündigte sie Freude an.

Schade, dass etwas so Schönes wie die Rückkehr der Bachstelze auch Unruhe wecken kann, könnte man denken. Wie viel schöner ist da die Geschichte einer Familientradition von Kerstin Söderström:

Wenn ich im Frühling die erste Bachstelze zu Gesicht bekomme, knickse ich dreimal. Das machte meine Mutter immer, und das hat sie zu allen Zeiten getan. Vor ein paar Jahren ging ich mit fünf Freundinnen spazieren, als ich die erste Bachstelze des Jahres erblickte. Da knickste ich natürlich. Dieses Jahr waren die Freundinnen ohne mich unterwegs, als Bachstelze Nummer eins auftauchte. Das knicksten sie alle, obwohl ich nicht dabei war!

Eine Freundin erzählte, dass ihre Tanten mütterlicherseits sie dazu erzogen hätten, es wie ich zu machen. Und eine meiner Cousinen in Stockholm sagte, dass ihre Mutter sie gelehrt habe, dreimal zu knicksen, dreimal zu spucken und sich dann etwas zu wünschen. Sie lebt in der Stadt, und die Leute halten sie für etwas merkwürdig, aber das stört sie nicht. Es wäre interessant zu wissen, wie verbreitet das Knicksen ist. Ich führe hier an meinem Wohnort, in Skinnskatteberg, die Tradition jedenfalls weiter. Es ist meine Art, den Frühling willkommen zu heißen.

FLUSSUFERLÄUFER

FLUSSUFERLÄUFER. Ein kleiner Watvogel mit geduckter und leicht vornübergebeugter Haltung und kürzeren Beinen als die meisten seiner Verwandten. Das ist es, was man sieht, wenn man einen Flussuferläufer aus respektvoller Entfernung betrachtet. Und dann ist da noch das weiche Auf-und-ab-Wippen mit dem Hinterleib. Als stünde ein unsichtbarer Zwerg auf der Schwanzspitze und benutze den Vogel als Trampolin.

Respektvoller Abstand bedeutet im Fall des Flussuferläufers mindestens 27 Meter. Bis zu dieser Spanne lassen sie Menschen herankommen, bevor sie wegfliegen, wie eine englischen Studie zur Empfindlichkeit gegenüber Störungen durch Freizeitangler ergab.

Der Flug des Flussuferläufers ist mindestens ebenso charakteristisch wie der wippende Hinterleib. Er fliegt immer dicht über dem Wasser, selten oder nie sieht man einen Flussuferläufer über Land fliegen. Serien rascher, flacher Flügelschläge wechseln mit kurzen Gleitphasen mit starr nach unten durchgebogenen Flügeln ab, so niedrig über der Wasserfläche, dass der Vogel diese fast mit den Flügelspitzen berührt.

In Mitteleuropa gingen die Bestände lange Zeit zurück und scheinen sich erst in den letzten Jahren zu erholen. In Skandinavien gehört die Art dagegen zu den verbreitetsten Watvögeln. Im Gegensatz zu vielen seiner Verwandten, die seicht ins Wasser abfallende, nahrungsreiche Strände mögen, die von offenen Strandwiesen umgeben sind, zieht der Flussuferläufer steinige und kiesige Ufer nahrungsarmer Klarwasserseen in Wäldern vor. Steinige Flüsse und Bäche sind bei Flussuferläufern ebenfalls beliebt. Dort steht der Vogel an einem frühen Frühlingstag plötzlich auf einem der Ufersteine oder auf einer Kiesbank und verbreitet mit dem Wippen und Knicksen des Hinterleibs etwas von demselben Wohlbefinden wie die Bachstelze mit ihrem wippenden Schwanz. Der rhythmisch wiederholte Gesang ist mitunter etwas zittrig: »*SwidiDIH-dide-swidiDIH-dide-…*«

Wie bei Watvögeln üblich, legt das Flussuferläuferweibchen vier Eier. Selten weniger und fast nie mehr. Die Eier sind konisch geformt und passen perfekt – wie die vier Viertel eines Kreises – in die einfache Nistmulde auf dem Boden in Wassernähe.

Die Eier des Flussuferläufers sind erstaunlich groß, ungefähr so groß wie Dohleneier. Jedes wiegt fast ein Viertel des Körpergewichts des Flussuferläuferweibchens, und sie werden mit einem oder zwei Tagen Abstand gelegt. Es gelingt dem Weibchen also, innerhalb von etwa einer Woche fast so viele Eier zu legen, wie es selbst wiegt!

Watvogeleier sind groß, damit die Jungen beim Schlüpfen schon weitgehend ausgewachsen sind. Viele andere Vogeljungen, die an geschützteren Brutplätzen geboren werden, sind zunächst vollständig hilflos, aber die Küken des Flussuferläufers laufen vom ersten Tag an umher und suchen sich ihre Nahrung selbst. Dagegen schaffen sie es nicht, selbst die Körpertemperatur aufrechtzuerhalten. Ist es kalt, kann die Körpertemperatur von 40 °C bis auf unter 30 °C sinken. Dann müssen sie zu einem der Elterntiere zurückkehren, unter die Flügel schlüpfen und sich dicht an den Körper des erwachsenen Vogels gedrängt wärmen.

Die Jungvögel sind auch auf den erfahrenen Blick der Eltern angewiesen, was drohende Gefahren angeht. Nähert sich ein Raubtier, sei es zweibeinig, vierbeinig oder geflügelt, warnen die erwachsenen Vögel, und die Jungtiere erstarren augenblicklich. Dank ihrer effektiven Tarnung sind sie dann bemerkenswert schwer zu entdecken. Flussuferläuferküken zu sein ist trotzdem gefährlich, und die Risiken werden nicht geringer, wenn die Jungvögel fliegen lernen und schließlich die lange Reise in die Winterquartiere im westlichen Afrika antreten. Nur knapp ein Fünftel der Küken, die in einer Brutsaison schlüpfen, überleben das erste Lebensjahr und haben die Chance, in der nächsten oder übernächsten Saison selbst zu brüten.

Aber die, die zurückkommen, sind umso willkommener bei allen, die sie wie Erik Marcusson mit Seen und Wasserläufen verbinden:

Der Flussuferläufer gehört zu meinem Sommer. Ich sehe ihn üblicherweise an den Bergslagsseen, wo meine Lieblingsplätze sind. An einem Maiabend kann ich versteckt in den blühenden Gagelsträuchern sitzen und mich an den gerade angekommenen Flussuferläufern erfreuen. Sie sind wie Ballerinen, die auf einer unsichtbaren Linie im Wasser tanzen, etwas Besonderes mit ihren vibrierenden abwärts gebogenen Flügeln beim Balzflug. Ihr Zwitschern erfüllt den Vorsommerabend.

Ich habe nie ein Nest gefunden, obwohl ich es versucht habe, aber das macht nichts. Ich will nicht stören.

Flussuferläufer können schwer zu sehen sein, aber ihr Schaukeln und ihr pfeifender Ruf verraten sie, wenn sie am Ufer stehen und fast mit den Steinen verschmelzen.

STOCKENTE. Der ein oder andere im Norden Europas kennt sie als einen scheuen Vogel, der, wenn man sich nähert, schon auf große Entfernung wegfliegt. Aber den meisten erscheint die Stockente als ein menschennaher Vogel, einer, der sich daran gewöhnt hat, dass *Homo sapiens* eine ziemlich harmlose Erscheinung im Stadtbild ist und – im besten Fall – ein Futterautomat.

So blasiert, wie sie im Beisein des Menschen geworden zu sein scheinen, so gleichgültig sind wiederum viele von uns ihnen gegenüber geworden. Aber es genügt, sich hinzustellen und die grüne Farbe am Kopf des Stockentenerpels zu betrachten – sie wirklich *zu sehen* –, um die Macht der Gewohnheit zu brechen.

Das Grün ist nämlich nichts anderes als eine Art optische Täuschung.

Nimmt man etwas Grünes, etwa eine grüne Paprika, und zerteilt es fein, bleibt es in den meisten Fällen immer noch grün. Aber bei den metallisch grünen Federn des Stockentenerpels verhält es sich anders. Wenn man eine Handvoll solcher Federn nähme und sie zerkleinerte, wäre die grüne Farbe nicht mehr zu finden.

Ja, streng genommen gab es sie sogar nie.

Im Gegensatz zur grünen Paprika enthalten die Stockentenfedern überhaupt keine grünen Pigmente. Braune Farbstoffe sind hingegen durchaus vorhanden, grüne jedoch nicht. Was es gibt, ist eine sehr spezielle Struktur: dicht und regelmäßig gepackte Stäbchen, so schmal, dass sie nur unter dem Elektronenmikroskop sichtbar sind. Wenn sich das Sonnenlicht in dieser Nanostruktur bricht, entsteht die grüne Farbe (und überstrahlt das Braun).

Doch sie ist nicht beständig. Ändert sich der Einfallswinkel des Lichts, können die Federn, die eben noch grün waren, plötzlich blau aussehen oder gar violett. Alle Farben ergeben sich aus einem Zusammenspiel von Licht und Federstruktur.

Die physikalische Erklärung ist bekannt. Das Phänomen nennt sich Irisierung und findet sich fast überall in der Natur: im Schwanz des Pfaus, in den Smaragd- und Saphirtönen des Eisvogels, auf den Flügeldecken des Mistkäfers, auf der Perlmuttfläche der Muschel. Trotzdem hat es den Hauch eines Wunders an sich: Farbe, obwohl es keine Farbe gibt!

Und das geschieht unmittelbar vor unseren Augen, bei dem gewöhnlichsten aller Parkteichvögel.

Man *muss* beim Anblick einer Stockente natürlich nicht an Physik denken. Der Bedarf an Rehabilitierung der Stockente ist vielleicht gar nicht einmal so groß. Es sind möglicherweise am ehesten die passionierten Vogelbeobachter, die sich schwer damit tun, das Interesse an dieser Allerweltsart aufrechtzuerhalten. Aber außerhalb dieser Gruppe gibt es vermutlich etliche, deren Blick nicht durch Gewohnheit getrübt ist und die sich über die mitunter halb zahme Stockente freuen – wie Christian Myren beispielsweise:

Man kann den Stockenten so nahe kommen und wirklich Kontakt zu ihnen aufbauen. Sie scheinen einen zu erkennen und kommen herangewatschelt, wenn man mit Futter auftaucht. Das ist herrlich.

Ich wohne fünf Kilometer außerhalb von Kalmar und ich liebe es, Vögel zu beobachten und zu fotografieren. Wenn ich spüre, dass ich Vögeln einmal wieder richtig nahe kommen möchte, besuche ich den Teich im Schlosspark. Ich setze mich auf einen Stein, füttere die Stockenten mit Körnern und gekochtem Reis, und dann fotografiere ich. Sie sind so hübsch, ich liebe sie. Es ist sehr entspannend, dort zu sitzen. Einzelne Enten, besonders ein Weibchen, fressen mir direkt aus der Hand. Es passiert, dass Schulkinder stehen bleiben und mich und die Enten mit dem Handy fotografieren. Die Leute schauen etwas merkwürdig, wenn sie hören, dass ich als 33-Jähriger Enten füttere. Aber das kümmert mich nicht.

KOHLMEISE

KOHLMEISE. Sowohl allgemeine Erfahrungen als auch wissenschaftliche Experimente zeigen, dass die Kohlmeise kein gewöhnlicher Vogel ist. Vielleicht kann man sie als den Raben unter den Kleinvögeln bezeichnen, da sie trotz ihrer geringen Größe nicht weit hinter den großen schwarzen Rabenvögeln zurücksteht, was Vielseitigkeit und Cleverness angeht.

Zum Beispiel können Kohlmeisen unterschiedliche Lautäußerungen verschieden verbinden und zu neuen Bedeutungen kombinieren. Sie haben mindestens zehn verschiedene Rufe in ihrem Repertoire.

Eine gewisse Ruffolge kann beispielsweise bedeuten: »Komm her und halte nach Gefahren auf dem Boden Ausschau!« Werden die Rufe in anderer Reihenfolge kombiniert, erfolgt keine Reaktion der Artgenossen. Dieses Vermögen hat den japanischen Biologen Toshitaka Suzuki dazu veranlasst, dafür den sprachwissenschaftlichen Begriff Syntax zu gebrauchen. Dieser wird sonst nur für das menschliche Vermögen, einzelne Wörter zu Phrasen und Sätzen zusammenzufügen, verwendet.

Es kostete Suzuki zehn Jahre intensiven Zuhörens und Experimentierens, bis er Kohlmeisen einigermaßen verstand. Daher erklärt es sich von selbst, dass es für gewöhnliche Menschen schwierig ist, solche Einblicke in deren Kommunikation zu bekommen. Andere Aspekte des ungewöhnlich scharfen Verstands der Art sind deutlich einfacher zu entdecken. Viele von uns werden jeden Winter daran erinnert, dass es Zeit ist, das Vogelfutter aufzufüllen – von Vögeln, die sich auf das Fensterbrett setzen und auffordernd an die Scheibe picken. Es scheinen fast ausnahmslos Kohlmeisen zu sein, die das tun.

Und das ist nur eines einer langen Reihe von Beispielen für die Kreativität der Kohlmeisen, was die Nahrungsbeschaffung angeht. Studien von Wissenschaftlern der schwedischen Universität Lund haben beispielsweise gezeigt, dass Kohlmeisen – die selbst keine Vorräte anlegen – gerne hamsternden Sumpf- und Tannenmeisen hinterherspionieren, um später das versteckte Futter zu stehlen.

Das klassische Beispiel für ihre Aufgewecktheit ist jedoch die Angewohnheit, die Verschlüsse von Milchflaschen zu öffnen – solcher Flaschen, die Milchmänner und Milchfrauen in manchen Ländern noch immer am frühen Morgen vor die Häuser stellen. Dass Meisen das können und sich dann an Milch und Sahne bedienen, wurde in Europa an mehreren Stellen beobachtet, aber am meisten Aufmerksamkeit hat dieser Streich in Großbritannien erregt, wo er bereits 1921 erstmals bemerkt wurde.

Seitdem konnten britische Ornithologen und die milchtrinkende Allgemeinheit verfolgen, wie sich diese Angewohnheit über immer größere Gebiete verbreitete, indem die Vögel voneinander lernten. Sowohl von Blaumeisen als auch von Kohlmeisen (und bis zu einem gewissen Grad auch von anderen Vogelarten) wurde berichtet, dass sie Pappverschlüsse aufbrachen und Folienverschlüsse anpickten. Es ist keine wilde Vermutung, dass es die Kohlmeisen waren, die diesen Kniff erfanden, und dass die anderen Arten ihrem Beispiel folgten. Blaumeisen sind gewiss auch nicht dumm, aber sie sind dennoch etwas abwartender als ihre größeren Verwandten.

Später haben Experimente bekräftigt, was die Anekdoten über das Öffnen von Milchflaschen indirekt andeuteten: Kohlmeisen sind gut darin, neue

Angewohnheiten von anderen zu übernehmen, und zwar so gut, dass sich lokale Kulturen und Traditionen entwickeln. Das sind weitere Begriffe, die üblicherweise auf menschliches Verhalten angewendet werden.

Eine Tradition bei Kohlmeisen ist es, sich im Winter auf Bienenkörbe zu setzen und mit dem Schnabel dagegenzuklopfen, woraufhin schläfrige Bienen herauskriechen, um zu sehen, was los ist – und gefressen werden.

Noch bemerkenswerter sind Berichte aus Ungarn, wie Kohlmeisen in Höhlen fliegen und Winterschlaf haltende Fledermäuse fressen – wenn nicht die ganzen Tiere, dann zumindest ihre Gehirne (die fettreich sind und daher besonders begehrenswert). Nicht zu vergessen die Augenzeugenberichte vieler schwedischer Vogelbeobachter, die sich im Herbst 2016 auf Öland aufhielten, um einen ungewöhnlich großen Einfall seltener Vögel zu genießen. Dieselben Winde, die jene Seltenheiten aus dem Osten dorthin wehten, trugen auch viele Kohlmeisen heran, die nach der Passage über die Ostsee bei der Ankunft auf Öland völlig ausgehungert waren. In dieser schwierigen Lage nahmen sie, was an Nahrung zur Verfügung stand, andere Kleinvögel eingeschlossen.

Das Verhalten war eigentlich nichts Neues und ist auch nicht auf irgendwelche bösen Kohlmeisen aus dem Osten beschränkt. Es gibt Berichte aus ganz anderen Zusammenhängen, in denen sich Kohlmeisen in Extremsituationen als verblüffend effektive Jäger gezeigt haben. Aber wenn es um attraktive Raritäten geht (im Herbst 2016 wurde unter anderem ein seltener Dunkellaubsänger angegriffen und getötet) und sich der Vorfall vor den Augen überraschter Vogelbeobachter abspielt, erfährt das Geschehen natürlich besondere Aufmerksamkeit.

Die Medienberichte zeugten von der großen Bestürzung, die das an Greifvögel erinnernde Verhalten der Kohlmeisen auslöste. Das entsprach nicht der gängigen Vorstellung von niedlichen Kleinvögeln. Aber Kohlmeisen haben nur eine einzige Verpflichtung sich selbst und ihren zukünftigen Nachkommen gegenüber: zu überleben. Eher sollte es eine gewisse Bewunderung wecken, dass ein Vogel mit einem Körpergewicht von knapp 20 Gramm flexibel und erfindungsreich genug ist, auf so viele verschiedene Arten für sein Überleben zu sorgen: vom Fressen anderer Kleinvögel bis zur »Dressur« von Menschen, damit diese, wie Anders Morge, Futter auf Bestellung liefern:

Meine Kohlmeise klopfte an einem Spätwintermorgen 1980 ans Fenster, ich bereitete gerade Butterbrote für mein Lunchpaket zu. Ich beachtete sie zuerst nicht, weshalb sie wieder klopfte. Ich nahm ein kleines Stückchen Käse und ging hinaus, um es auf das Treppengeländer zu legen. Da kam die Kohlmeise ganz einfach, setzte sich auf meine Hand, nahm das Käsestück, blieb ein paar Sekunden sitzen, schaute mir tief in die Augen und flog dann weg. Danach war es Schluss mit dem Frieden. Sobald ich von der Arbeit nach Hause kam und mein Fahrrad abstellte, kam sie, setzte sich auf den Lenker und wollte Futter. Das Weibchen tauchte auch auf, und später brachten sie die ganze Kükenschar mit. Die Kleinen in der Hand zu halten war wunderbar!

Dreißig Jahre ging das so. Die Nachkommen beobachteten wohl die freche Forderung der Eltern nach Unterstützung bei der Versorgung, vermute ich.

Inzwischen habe ich ein distanziertes Verhältnis zu ihnen. Sie sind zutraulich, aber sie dürfen nicht mehr aus der Hand fressen. Es ist nicht gut, wenn Wildtiere so von einem abhängig werden. Zum Schluss konnten wir ja gar nicht mehr wegfahren.

STAR. Alles begann mit ein paar unschuldigen Zeilen in Shakespeares Drama *Heinrich IV.* vom Ende des 16. Jahrhunderts. Der Rebellenführer Heißsporn (Heinrich Percy) fantasiert davon, den König in den Wahnsinn zu treiben, indem er ihm einen Star schenkt, der darauf trainiert ist, immer wieder »Mortimer«, zu sagen. Es war der Name seines Schwagers, eines der verhasstesten Feinde des Königs:

Ja, einen Star schaff ich, der nichts soll lernen
Zu schrein als »Mortimer«, und geb ihm den,
Um seinen Zorn stets rege zu erhalten.[23]

Dabei wäre es geblieben, wenn der deutschstämmige Bronxbewohner Eugene Schieffelin nicht 300 Jahre später die bizarre Idee gehabt hätte, sämtliche Vogelarten, die in Shakespeares Werken vorkommen, rund sechzig, in die USA einzuführen.

Schieffelin war nicht der Einzige, der europäische Pflanzen und Tiere in die USA holen wollte, damit sich die Immigranten in der neuen Heimat mehr zu Hause fühlten.

Die meisten der Umsiedlungsversuche missglückten, aber bei den Staren klappte es hervorragend. Etwas zu gut. 1890 ließ Schieffelin 60 britische Stare im Central Park in New York frei, im folgenden Frühjahr 40 weitere, und bald begannen sie, sich zu vermehren. 1928 hatten ihre Nachkommen Mississippi erreicht, 14 Jahre später Kalifornien. Die Stare ließen sich nicht stoppen, weder durch kuriose Maßnahmen (sie mit Kleie zu überschütten oder sie in der Küche zu verarbeiten) noch durch teuflische (Vergiftung mit radioaktivem Kobalt-60). Heute, so vermutet man, gibt es mehr als 200 Millionen Stare in den USA, und die riesigen, dichten Herbst- und Winterschwärme sind ungefähr so beliebt, wie es in Ägypten die Heuschrecken zu Mose Zeiten waren.

Auch in Westeuropa wurden die Stare zwischen 1950 und 1980 bekämpft, mit ebenso wenig Erfolg. Daher ging man dazu über, Weinberge und Obstkulturen mit Netzen zu überspannen, um Fraßschäden zu vermeiden.

In Nordeuropa ist die Stimmung eine andere als in den USA. Hoffnungsvolle Gartenbesitzer hängen Starenkästen auf, die ersten singenden Stare werden mit Freude wahrgenommen und der stetige Niedergang in den letzten Jahrzehnten mit Unruhe und Wehmut.

Auch wenn die Stare sich zu Herbstbeginn in großen Schwärmen vereinigen, wecken sie dort keine negativen Gefühle. Eher gelten ihre Versammlungsplätze als Sehenswürdigkeit. Das gilt nicht zuletzt für einige Feuchtgebiete im südlichen Jütland, wo die Schwärme so groß sind, dass sie als »*sort sol*« – »schwarze Sonne« – bezeichnet werden, da sie, wenn sie auffliegen, den Himmel verdunkeln. In Tøndermarsken unmittelbar nördlich der deutsch-dänischen Grenze kann die Individuenzahl in Einzelfällen die Millionenmarke überschreiten. Wenn die Stare sich für die Übernachtung in den weitläufigen Schilfgebieten bereit machen, verhalten sich die dichten Schwärme wie lebende Organismen: ständig ihre Form verändernde, wogende Körper, die vor dem Abendhimmel tanzen – sich vereinen, aufteilen, wieder vereinen.

In diesem Tanz führt niemand. Oder eher: Alle führen und alle folgen. Eine Gruppe theoretischer Physiker hat errechnet, dass die Bewegungen jedes Vogels die sieben unmittelbaren Nachbarn in der Schar beeinflussen, deren Bewegungen wiederum deren sieben unmittelbare Nachbarn beeinflussen und so weiter, und das alles in blitzschnellen Kettenreaktionen. Es sind keine komplizierteren Mechanismen erforderlich, um so ein unvergessliches Schauspiel zu ermöglichen.

Und die Sache mit »Mortimer«? Kann ein Star wirklich sprechen lernen? Ja, er kann es. Hintergrund ist, dass frei lebende Stare die Angewohnheit haben, ihren Gesang mit Imitationen anderer Vogellaute zu schmücken. Hört man plötzlich einen trillernden Brachvogel oder einen »miauenden« Mäusebussard vom Dach des Hauses, steckt oft ein singender Star dahinter. Laut ist Laut, meinen die Stare, und übernehmen Ruftöne von Mobiltelefonen, das Piepen rückwärtsfahrender Lkw, heulende Autoalarmanlagen und andere künstliche Laute, die wir Menschen in unserer Umgebung verbreiten. Stare schaffen auch menschliche Sprache, insbesondere, wenn sie etwas methodisches Training erfahren.

Ja, sie sind zu verblüffenden Dingen fähig, die Stare.

Aber nichts von dem ist nötig, um ein lang andauerndes und nahes Verhältnis aufzubauen. Es genügt, dass sie in der Nähe sind und das tun, was Stare so tun: im Frühling ankommen, singen, Nester bauen, Eier legen ...

Vorausgesetzt, man hat die Fähigkeit, in aller Ruhe zu beobachten – so, wie es der Filmemacher Mikael Kristersson gern tut:

Für mich ist es immer ein Frühlingszeichen, wenn die Stare an ihre Brutplätze zurückkehren, wir haben mehrere Paare in unserem Garten. Und dann dauert es nicht lange, bis überall im Gras blaue Eierschalen liegen und sie ihre frisch geschlüpften Jungen füttern.

Unsere Stare sind sehr zutraulich, ihr Alltagsleben verläuft anscheinend unbekümmert parallel zu unserem. Ich habe das in meinem Film »Starens inre liv« (Das Leben der Stare) geschildert. In einer Szene ist ein Starenmännchen zu sehen, das ein Gänseblümchen pflückt und dann das Nest im Nistkasten damit dekoriert. Ich habe Männchen mit Dingen wie Birkenkätzchen, Stanniolpapierstücken und Fasanenfedern schmücken gesehen. Ob sie damit versuchen, den Weibchen zu imponieren?

Nun filmte ich gerade, als das Starenmännchen ein Gänseblümchen aus dem Gras pflückte. Ich verstand, dass es auf dem Weg zum Nistkasten war, und hüpfte und schrie ein bisschen herum, um es abzulenken, während ich die Kamera umstellte und auf das Einflugloch des Kastens scharf stellte. Der Vogel flog dorthin und landete genau in dem Moment, in dem ich zu filmen begann. Dann wendete er den Kopf und schaute mit der Blume im Schnabel zurück, bevor er hineinschlüpfte. Welch Glücksgefühl!

SPIESSENTE

FELDSPERLING

BLAUMEISE

BLAUMEISE. Der Schriftsteller Bengt Anderberg hatte ein Auge für den Charakter der Vögel. In seinem Prosagedicht »Det omöjliga« (Das Unmögliche) wundert er sich darüber, dass ein Paar Blaumeisen in seiner Nachbarschaft den schrecklichen Winter 1979 überlebte: »Das Leben solcher kleinen Geschöpfe besteht fast ausschließlich aus Eifer.«[24]

Schneestürmen zum Trotz hatten sie Energie genug, um deutlich größere Vögel wie Kohlmeisen, Finken und Spatzen von der begehrenswerten Nahrung an der Futterstelle zu verjagen. Blaumeisen sind so: psychisch stark, kleine Terrier mit Federn. Das darf auch der ein oder andere Mensch erfahren, insbesondere Beringer. Blaumeisen sind nämlich Meister darin, schmerzhafte Hiebe und Zwicker auf Fingerspitzen und Nagelhaut auszuteilen. Wie muss es da den Mitarbeitern der Beringungsstation in Falsterbo ergangen sein, als im Herbst 2012, der von besonders intensivem Vogelzug geprägt war, fast 300 000 Blaumeisen Falsterbonäset passierten und den Beringern fast 19 000 davon ins Netz gingen?

Dass Blaumeisen Zugvögel sind, mag diejenigen überraschen, die diese Vögel im Winter als ständige Gäste am Futterhaus kennen. In Wirklichkeit ist diese Meisenart in den kältesten Monaten des Jahres sehr beweglich, auch wenn wir das nicht merken, da für uns alle Blaumeisen gleich aussehen. Die Tiere, die die Futterstelle besuchen, sind kaum die Individuen, die im Frühjahr im Gebiet brüteten, vielleicht handelt es sich noch nicht einmal um die Vögel, die vor ein paar Tagen das Futterangebot nutzten, sondern um neue, die von Norden oder Osten gezogen kamen.

Das Zugverhalten ist nicht sehr ausgeprägt – es gibt auch Standvögel –, und die Zugstrecke ist nicht besonders lang. Dass Blaumeisen in so großer

Zahl ziehen, wie sie es im Herbst 2012 taten, gehört zu den Ausnahmen. Meist handelt es sich eher um Streifzüge als um einen regelrechten Zug, und die pro Tag zurückgelegte Entfernung kann nur knapp zehn Kilometer betragen.

Aber sie bewegen sich, das tun sie. Fast immer: »Alles, was sie machen, ist schnell, kurz, plötzlich, wie kleine Flammen, die heftig im Windzug von allen Seiten flackern. Man ist verblüfft, wenn man in Büchern liest, dass eine Blaumeise elf Jahre alt werden kann! Welch schwindelnde Summe von Augenblicken, Reaktionen und Gemütsbewegungen, eine unendliche ruckartige Serie von Sensationen, ein alter Wochenschaufilm in rasendem Tempo, jede Sekunde lebensgefährlich, entscheidend, folgenschwer, unfassbar, unmöglich.«[25]

Genau so sehen wir Menschen die Blaumeisen. Die Vögel selbst glauben natürlich weder, dass es unmöglich ist, ein Blaumeisenleben zu leben. Allein in Schweden tun das ungefähr 700 000 Paare, als wäre es die selbstverständlichste Sache auf der Welt, und das mit einem solchen Erfolg, dass die Art Jahr für Jahr gewöhnlicher wird. In Deutschland wird die Zahl der Brutpaare auf über 2,85 Millionen geschätzt.

Da sie sich in der Umgebung des Menschen wohlfühlen, gern in Nistkästen in Parks und Gärten brüten und im Winter unsere Futterstellen besuchen, sind Blaumeisen wohlbekannt. Und deshalb meinen wir, wir wüssten, wie sie aussehen. Aber das tun wir nicht.

Nicht einmal, wenn wir farbige Nahaufnahmen studieren, verstehen wir, wie Blaumeisen aussehen – in den Augen anderer Blaumeisen. Sie sind nämlich ultraviolett.

Das trifft besonders auf die Männchen zu und insbesondere auf deren Kopf. Wissenschaftler, die sich damit beschäftigt haben, vertreten die Ansicht, die ultraviolette Farbe signalisiere Qualität. Je mehr Ultraviolett, desto stärker und vertrauenswürdiger ist das Männchen. Und die Weibchen verstehen, die Signale zu deuten, sie wählen eher ein farbintensives Männchen als ein etwas schwächer gefärbtes.

Für uns Menschen, die wir ultraviolettes Licht nicht sehen können, liegt dies alles im Verborgenen. Wir haben keine Ahnung, wie die blau-ultraviolette »Kappe« auf dem Blaumeisenkopf aussieht. Was die Künstlerin und Schriftstellerin Catharina Gunther-Rådström nicht im Geringsten daran hinderte, sich hinreißen zu lassen, als eine Blaumeise durch Zufall in ihr Leben trat:

Beim Joggen fand ich ein entkräftetes Blaumeisenjunges auf dem Boden und nahm es mit nach Hause. Wir fütterten es mit der Pinzette, es bekam angefeuchtetes Welpenfutter. Absint – so nannten wir den Jungvogel – ging es bald besser, und es schien ihm bei uns zu gefallen. Er hüpfte auf dem Frühstückstisch hin und her, folgte uns zu Besuch bei Freunden und schlief in einer Deckenlampe im Schlafzimmer. Jeden Morgen hüpfte er früh auf mein Kissen und zog mich an den Haaren, bis ich erwachte. Dann wollte er Futter haben. Sofort! Ich lernte, an seinem Piepsen zu hören, ob Absint hungrig war, froh oder nur eine Bekräftigung brauchte, dass alles in Ordnung war. Ich piepste zurück, und er war zufrieden.

Als er fliegen gelernt hatte, war er mehr und mehr draußen. Es war ein ebenso schmerzlicher wie glücklicher Vorgang, als Absint zwei andere Blaumeisen kennenlernte, immer mehr zum Vogel wurde und uns zum Schluss verließ.

SCHWANZMEISE. Sie wollen Gesellschaft. Immer, immer Gesellschaft. Schwanzmeisen wechseln zwischen dem Leben in der Kernfamilie (während der Brutzeit) und in der Großfamilie (den Rest des Jahres), aber allein, das sind sie äußerst ungern.

Und still, nein, das sind sie auch nicht besonders oft.

Die größte Chance, Schwanzmeisen zu begegnen, hat man im Winter, wenn sie in ihren Wintergebieten in Verwandtengruppen von vielleicht zehn Vögeln umherziehen, eifrig miteinander kommunizierend.

Es ist normalerweise ein energisches kleines »*Tjerrrrr*«, das anzeigt, dass ein Trupp in der Nähe ist. Die kleine Gruppe langschwänziger Daunenbällchen – sie sehen aus wie Wattebällchen mit Stiel – bewegt sich von Baum zu Baum, nicht alle auf einmal, sondern ein Vogel nach dem anderen. »*Tjerrrrr, tjerrrr!*« Jedes Mal, wenn sie sich über eine etwas offenere Fläche fortbewegen müssen (was sie überhaupt nicht mögen), sammeln sie sich dicht beieinander unter lebhaftem Zwitschern, bevor sie sich in einer langen Reihe auf den Weg machen. »*Tjerrrr, tjerrrr!*« Schnell geht das. Genauso plötzlich, wie sie gekommen sind, sind sie wieder verschwunden, und man steht da und lächelt innerlich, weil man so etwas Schönes beobachten durfte. Schwanzmeisen können ein sehr effektives Mittel gegen Winterdepression sein. Man kann ihnen nicht zusehen, ohne sich zu freuen.

Die Wintertrupps bestehen üblicherweise aus einer Jungenschar und deren Eltern sowie einer Anzahl erwachsener Verwandter. In den Fällen, in denen Forscher die Verwandtschaft feststellen konnten, erwies es sich, dass sie mit dem Männchen des Elternpaars blutsverwandt waren – also so etwas wie einsame Tanten und Onkel väterlicherseits sind.

Die Großfamilien machen im Herbst und Winter alles zusammen. Zusammen verteidigen sie die Grenzen ihres Wintergebiets gegen andere Schwanzmeisengruppen. Und gemeinsam überstehen sie die kalten Winternächte, die kein Individuum allein überleben würde. Je kleiner ein Vogel ist, umso schwerer ist es für ihn, die Wärme zu halten, wenn es kalt ist. Schwanzmeisen sind sehr klein, auf alle Fälle, wenn man von dem langen Schwanz absieht. Sie könnten das Klima in Nordeuropa möglicherweise nicht ertragen, wenn sie nicht die Gewohnheit hätten, zusammen zu übernachten. Ist die Nacht mild, sitzen die Mitglieder der Großfamilie ein Stückchen voneinander entfernt auf demselben Ast, aber wenn die Temperatur sinkt, kauern sie sich dicht, dicht zusammen. Dann sehen sie aus wie ein Daunenhaufen mit vielen langen Schwänzen.

Die Vögel, die den Winter überlebt haben, teilen sich im Frühjahr paarweise auf. Die Schwanzmeisenpaare verteidigen Brutreviere innerhalb des größeren Wintergebiets. Einsame Jungfern begeben sich meist zu anderen Großfamilien, um nicht verwandte Männchen zu finden, während Junggesellen zu Hause bleiben und die Ankunft neuer Weibchen von außerhalb erwarten.

Nun beginnt der Bau eines der schönsten und vollendetsten Kunstwerke in der Vogelwelt. Das Schwanzmeisennest ist ein kokonähnliches Gebilde aus Moos, Spinnweben und Haaren. Es ist etwas höher als breit und perfekt mit bis zu 3 000 kleinen Stückchen von Flechten getarnt. Innen ist es dick mit kleinen Federn ausgekleidet, 2 690 zählte ein hartnäckiger Schwanzmeisenforscher in einem Rekordfall. Kein Wunder, dass es bis zu einem Monat dauern kann, bis das Nest fertig ist.

Der Übergang von der Großfamilie zur Kernfamilie geschieht nicht plötzlich, sondern allmählich. Zu Beginn der Nestbauphase vereinigen sich im Wintergebiet abends alle Vögel, um gemeinsam auf einem Ast zu übernachten. Doch wenn die Nester ihr Dach bekommen haben, nächtigen die Paare dort.

Obwohl die Nester hoch oben in den Bäumen hängen und gut getarnt sind, werden sie oft geplündert. Dann gehen die Paare, deren Brut nicht erfolgreich war, dazu über, nahe verwandten Schwanzmeisenpaaren zu helfen. Bis zu acht Tanten und Onkel väterlicherseits können ein Brutpaar unterstützen, was die Chancen, dass viele Nachkommen überleben und das Erwachsenenalter erreichen, signifikant erhöht.

Diese gemeinsame Sorge für die Nachkommen, die bei Vögeln in unseren Breiten ungewöhnlich ist, ist ein wichtiger Grund dafür, dass Forscher der Schwanzmeise so viel Interesse entgegengebracht haben.

Dass sie auch bei der übrigen vogelinteressierten Bevölkerung Gefühle wecken und Aufmerksamkeit hervorrufen, beispielsweise bei Kajsa Grebäck, liegt natürlich vorwiegend daran, dass sie aussehen, wie sie aussehen:

Schwanzmeisen gehören zu dem Niedlichsten, was sich denken lässt. Einmal sah ich aus der Nähe, wie eine ganze Gruppe heranflog, eine nach der anderen, und sie sich dicht, dicht in einer Reihe in eine Hecke setzten. So schön. Sie wollten wohl dort übernachten.

Da, wo wir wohnen, kommen Schwanzmeisen fast jeden Tag an die Futterstelle, und immer in der Gruppe. Wir füttern sie bis weit in den Frühling hinein. Wenn sie mit dem Bau der Nester begonnen haben, sehen sie ein bisschen lustig aus, weil der Schwanz etwas zerzaust ist. Vielleicht ist das Nest etwas zu eng für den langen Schwanz?

Mir gefällt die hübsche Färbung der Schwanzmeisen sehr: das reine Weiß, das Rosabraun und dann, als Kontrast, das Schwarz. Auf den ersten Blick wirken sie etwas blass, aber eigentlich sind sie recht farbenfroh! Ich achte sehr auf Farben, sie können mich glücklich machen.

WEISSWANGENGANS

WEISSWANGENGANS. Die Versuche in früherer Zeit, das mysteriöse Auftauchen und Verschwinden vieler Vögel mit dem Wechsel der Jahreszeiten zu erklären, erscheinen im Nachhinein märchenhaft fantastisch. Zum Beispiel die, dass Schwalben den Winter auf dem Grund von Seen verschlafen, ein Mythos, an den sogar der große Wissenschaftler Carl von Linné glaubte.

Nicht weniger fantasievoll ist die alte Mär über die Weißwangengans, die auch Nonnengans genannt wird. Dass die Art in der Arktis brütete, davon hatte man in Westeuropa vor 1000 Jahren keine Ahnung. Niemand hatte je Eier oder Jungtiere zu Gesicht bekommen, man kannte nur die ausgewachsenen Vögel, die jeden Herbst plötzlich an ihren Überwinterungsplätzen auftauchten.

Die landläufige Erklärung war, dass sie sich aus Entenmuscheln (im Englischen *barnacles*) entwickelten, einem Krebstier, das festgewachsen an Klippen und Steinen oder auf Treibholz im Meer lebte. In mehreren europäischen Sprachen hört man immer noch den Nachklang des Mythos im Artnamen: Die Weißwangengans heißt im Englischen beispielsweise *barnacle goose*, und umgekehrt heißt eine der gänseähnlichsten Entenmuschelarten *goose barnacle*.

Es bedarf nicht allzu viel Fantasie, um in der Entenmuschel einen Gänsekopf auf einem dunklen Hals zu sehen. Daher war es vielleicht nicht so abwegig, wie es heute klingt, dass der walisische Historiker Giraldus Cambrensis (Gerald von Wales) im 12. Jahrhundert und viele andere mit ihm die dichten Kolonien festgewachsener Entenmuscheln als Embryonen der vieltausendköpfigen Gänsescharen des Herbstes sahen. (Dass die Art sowohl als Gans als auch als marines Krebstier angesehen wurde, bedeutete, dass sie in der Kirche nicht als richtiges Fleisch galt und daher in der Fastenzeit gegessen werden durfte. Das machte den Irrglauben sicher besonders populär und zählebig.)

Mit der Zeit sah man natürlich ein, dass Gänseküken wie die aller anderen Vögel aus Eiern schlüpfen. Aber die Neststandorte der Weißwangengans in der Arktis sind ungewöhnlich. Der klassische Brutplatz ist ein Loch hoch oben an einer Steilwand in der Nähe des nördlichen Eismeers. Der Vorteil eines solchen Platzes ist, dass er für Eisfüchse und Eisbären unerreichbar ist, der Nachteil, dass die Jungen im Alter von gerade einmal drei Tagen zu einem halsbrecherischen Sprung gezwungen sind, um zu den Eltern zu gelangen, die am Fuß der Wand, teils mehrere Hundert Meter tiefer, warten. Viele werden sich an die fesselnden Sequenzen eines BBC-Films erinnern, die Vogeljunge zeigen, die taumelnd die Steilwand hinunterspringen und nach einem unendlich lange erscheinenden Fall auf wundersame Weise unbeschadet den Boden erreichen. Nicht alle natürlich, bei Weitem nicht. Aber ausreichend viele, dass die Strategie funktioniert.

In Europa war die Weißwangengans lange nur als Transitgast im Frühjahr und Herbst bekannt, auf dem Weg zum und vom Eismeer und der Tundra. Noch vor 50 Jahren hatte sie etwas Wildes und Exotisches an sich, ganz anders als die Kanadagans, die aus Nordamerika nach Europa geholt wurde und sich Mitte des 20. Jahrhunderts weiträumig ausbreitete.

Dann kamen die 1970er-Jahre.

Die Verwandlung der Weißwangengans von einem fernen zu einem nahen Vogel erfolgte in zwei Bereichen. Zum einen beschlossen einige der

Gänse, die traditionsgemäß auf den Laus-Holmar-Inseln im Südosten der schwedischen Insel Gotland rasteten, sich die übrige Reise zu sparen. Sie blieben da und brüteten stattdessen. Das Meer, das die pfannkuchenflachen Laus Holmar vom gotländischen Festland trennt, bot denselben Schutz gegen Füchse und andere Raubtiere wie die Steilwände in der Arktis.

Der Versuch fiel offenbar zur vollständigen Zufriedenheit aus, denn von diesem Brückenkopf aus begann die Art sich nach Öland auszubreiten, später auch an unterschiedlichen Stellen des schwedischen Festlands. 1988 brüteten die ersten Paare in Schleswig-Holstein und in den Niederlanden.

Was die Ausbreitung in Schweden angeht, lag der zweite Grund im Stockholmer Freilichtmuseum Skansen auf der Halbinsel Djurgården, wo man seit Jahrzehnten Weißwangengänse in Gefangenschaft hielt. Irgendwann in den 1970er-Jahren unterließ man es, den Jungvögeln die Flügel zu stutzen, worauf diese wegzogen. Nun pendeln die Nachkommen dieser verwilderten Vögel zwischen den Brutplätzen auf den Fjäderholmarna und den Lieblingsnahrungsplätzen auf Djurgården. Mitten unter den Joggern und Kinderwagenflanierern der Hauptstadt watscheln sie hin und her, alles andere als ängstlich den Menschen gegenüber und ziemlich unwillig, Platz zu machen. Ein Vogel, der vor nicht allzu langer Zeit nur als durchreisender Gast aus der arktischen Wildnis bekannt war, ist teils aus eigener Kraft, teils mit menschlicher Hilfe zu einer uns nahen Gänseart geworden.

Manche sind der Ansicht, dass sie uns *sehr* nah gekommen ist. Dass die Weißwangengans Humor besitzt, hat Regina Lindborg mehr als einmal erfahren:

Ich habe eine zwiespältige Beziehung zu den Weißwangengänsen. Sie sind unglaublich hübsch, aber gleichzeitig äußerst aggressiv. Das weiß ich, denn ich habe seit 1995 ihre Nester draußen auf den Fjäderholmarna für die Behörden gezählt. Nähert man sich einem Nest, krümmt sich der Vogel zusammen und zischt wütend, aber er kann einen auch anfliegen und zu beißen versuchen. Wendet man den Blick ab, schleicht sich die Gans heran und springt einen von hinten an! Ich habe gelernt, damit umzugehen, aber einige Treffer abbekommen.

Ihr Verhalten kann man irritierend finden, aber ich glaube trotzdem, dass es erstaunlich ist, wie tough sie sind. Es ist strategisch schlau, so zu sein, wie sie es sind. Man sieht sie überall in den Parks. Kommt ihnen ein Mensch zu nah, zischen sie und sehen wütend aus. Man kann beobachten, dass picknickende Menschen in kleinen Gruppen zusammenrücken, wenn sie kommen.

Ich selbst beginne fast automatisch, die Tiere zu zählen, wenn ich eine Schar sehe. Wie viele sind es? Wie groß sind die Jungen? Ich kann nicht anders.

BUNTSPECHT. Auch diejenigen, die nicht imstande sind, einen Buntspecht von beispielsweise einem Mittelspecht zu unterscheiden, wissen meistens, was Spechte sind, als Gruppe. Denn diese sind so spezifisch in ihrer Gestalt und haben solch spezielle Anpassungen an ihr Leben in der Senkrechten, wie den steifen Schwanz, der als zusätzliches Standbein am Baumstamm dient, oder den kräftigen Schnabel.

Aber von alledem, was einen Specht zu einem Specht macht, liegt das Erstaunlichste in seinem Inneren verborgen.

Die Kräfte, denen ein Körper ausgesetzt ist, wenn er beschleunigt oder abbremst, werden in der Einheit g (g wie Gravitation, nicht g wie Gramm) gemessen. Ein Mensch, den ein Schlag mit 80 bis 100 g direkt am Kopf trifft, erleidet eine Gehirnerschütterung. Die Spechte setzen sich selbst Kräften von mehr als 1000 g aus, wenn sie mit dem Schnabel mit voller Kraft gegen den Baumstamm schlagen. Und sie ertragen das Ganze dank unterschiedlicher Spezialanpassungen problemlos: Es gibt eine federnde Verbindung zwischen Schnabel und Gehirnschädel, wodurch die Erschütterung gedämpft wird. Zusätzlich ist der Schädel von besonders starken Muskeln umgeben.

Ohne diese Stoßdämpfung wäre das meiste, was ein Buntspecht macht, unmöglich. Er zimmert eine Bruthöhle, indem er sie aus dem Baumstamm hackt (und auf diese Weise sogar anderen Vogelarten Wohnungen aus zweiter Hand hinterlässt). Er versorgt sich mit Futter, indem er dieses durch Hacken freilegt. Und er trommelt mit schnellen Schnabelschlägen an trockenen Ästen und anderem, was die richtige Resonanz bietet, beispielsweise an Dachrinnen und Fallrohren, um zu zeigen: »Hier bin ich!«

Das Zimmern der Höhle und das Aushacken der Nahrung kann man am ehesten mit einem Menschen vergleichen, der mit Hammer und Meißel zugange ist: Die Schläge sind spärlich und unregelmäßig, wie es sich ergibt. Das flirtende Trommeln dagegen – die direkte Entsprechung zum Gesang der Kleinvögel – besteht aus einzelnen Trommelwirbeln, die so schnell sind, dass man den einzelnen Schlag fast nicht hört. Dieses Trommeln ist nur im Frühling zu hören und mehr oder weniger artspezifisch. Ein geübtes Ohr kann also recht einfach beispielsweise den kurzen schnellen Trommelwirbel eines Buntspechts und das lange grobe Knarren des Schwarzspechts (das sich wie eine Kreuzung zwischen einem langsamen Maschinengewehrfeuer und einem nicht geölten Stalltor anhört) unterscheiden.

Die Vorliebe der modernen Forstwirtschaft für dichte Fichtenwälder ist ein richtiger Glücksfall für den Buntspecht gewesen, da Fichtensamen sein wichtigstes Winterfutter sind. Die Art und Weise, wie sie sich die Samen holen, ist sehr gut untersucht. Sobald sie einen Zapfen gepflückt haben, fliegen sie mit diesem im Schnabel zu einem speziell ausgewählten Baum, wo sie sich eine sogenannte Spechtschmiede geschaffen haben: einen Spalt im Holz, den sie so erweitert haben, dass der Zapfen hineinpasst. Dort verkeilt der Specht seine »Beute« und hat dann den Schnabel frei, um die Samen herauszuklopfen.

Die Verfasser dieses Buchs hatten dieses Jahr eine solche Spechtschmiede in dem großen Ahorn vor ihrer Veranda. Im Winter lag jeden Tag ein neuer bearbeiteter Zapfen unter dem Ahorn. Die Leute wunderten sich etwas, warum wir den Kiesweg mit Kiefernzapfen bedeckten.

Eine Spechtschmiede im eigenen Garten ist mehr Glück als Verdienst, denn entweder gibt es einen Baum, der dem Vogel gefällt, oder nicht. Will man einen Buntspecht so nah heranlocken, dass man dem Blick seiner rotbraunen Augen begegnen kann, sollte man ihm etwas Talg, Schmalz, Butter oder Margarine anbieten.

Fettreiche Sonnenblumenkerne funktionieren auch gut, wie Berit Bergström diesen Sommer erfahren durfte:

Man könnte vermuten, dass der Buntspecht die anderen Vögel einschüchtert, aber das tut er nicht. Er sitzt nur ruhig da und frisst inmitten der Kleinvögel an der Futterstelle, und manchmal auch auf dem Boden.

In den letzten Jahren haben wir in unserem Garten auch im Sommer Vögel gefüttert, damit unsere Enkelkinder, wenn sie uns besuchen, Vögel aus der Nähe sehen können. Das klappt gut. Ich erinnere mich an ein Mal, als Buntspechteltern mit ihrem Jungen kamen. Dieses war größer als seine Eltern, ganz zerzaust und saß auf einem Ast in der Birke nur wenige Meter von unserem Fenster entfernt. Wir saßen drinnen und schauten zu, als die Eltern einen Sonnenblumenkern holten, ihn in einen Spalt im Ast steckten, den Kern schälten und das Junge damit fütterten. Männchen und Weibchen, er mit etwas schmutzig wirkender Brust, sie mit kreideweißer, wechselten sich ab, während das Junge ganz still saß und wartete. Das war ein Schauspiel!

ROTKEHLCHEN. Schon Zenedotos von Ephesos, Leiter der Bibliothek in Alexandria, wusste, dass Rotkehlchen empfindliche Einzelgänger sind. Um etwa 300 vor unserer Zeitrechnung stellte er fest: »Unicum arbustum haud alit duos erithacos« (Ein Busch kann keine zwei Rotkehlchen beherbergen) – eine antike Variante des Wildwestausdrucks »this town ain't big enough for the both of us«.

Die biologische Erklärung für diese Starrköpfigkeit ist, dass die Rotkehlchen das ganze Jahr über Reviere besetzen. Sogar im Winter verteidigen sie kleine Territorien wütend gegen Artverwandte und dulden keine Konkurrenz.

In der Brutzeit sind die Rotkehlchen ebenso giftig, aber nun als Paar: du und ich gegen den Rest der Rotkehlchenwelt. Als der britische Forscher David Lack vor fast hundert Jahren für einen Schilling ein ausgestopftes Rotkehlchen kaufte und dieses in verschiedenen Rotkehlchenrevieren platzierte, reagierten die Revierinhaber unmittelbar. Äußerst aufgebrachte Männchen und Weibchen verteidigten ihr Revier mit großer Intensität, nicht selten mit Gewalt. In einem Fall griff ein Rotkehlchenweibchen den mottenzerfressenen Eindringling mit solcher Vehemenz an, dass dessen Kopf abfiel, was ihr Wüten nicht im Geringsten stoppte.

David Lack begann zu untersuchen, was genau an dem ausgestopften Vogel die Aggressionen weckte. Mithilfe von Ausschlussmethoden fand er heraus, dass es die rote Brust war. Ein ansonsten naturgetreues Rotkehlchen ohne Brustfleck wurde in Ruhe gelassen, während ein Pseudovogel, der hauptsächlich aus einem roten Fleck bestand, schonungslos angegriffen wurde.

Trotz seiner Launen ist das Rotkehlchen einer der beliebtesten Vögel, in allen Kategorien. Das sieht man deutlich an den Kommentaren, sobald jemand ein niedliches Rotkehlchenbild in den sozialen Medien postet. Und wie könnte es anders sein, bei *dem* Aussehen! Das Rotkehlchen ist wie dafür geschaffen, geliebt zu werden. Mit seiner aufrechten Körperhaltung und dem federnden beidfüßigen Hüpfen wirkt der Vogel so lebhaft, dass man unwillkürlich den eigenen Rücken strafft und leichtfüßiger unterwegs ist. Und dann ist es süß auf eine Art, mit der sich nur die Schwanzmeise messen kann, mit etwa denselben Mitteln: Unterfedern, die zu einer fast perfekten Kugelform aufgestellt werden können, und große dunkle Augen.

Interessanterweise sind die Augen des Rotkehlchens der Grund, warum es morgens so früh singen kann. Kleinvögel singen im Allgemeinen nicht, wenn sie nicht genug sehen, um eventuelle Gefahren erkennen zu können. Dank ihrer großen Augen verfügen die Rotkehlchen über eine ungewöhnliche Nachtsichtigkeit und können es sich daher leisten, schon mit dem Singen zu beginnen, *bevor* es richtig hell ist. Und sie singen in der Abenddämmerung noch eine gute Stunde, nachdem der übrige Vogelchor seine Noten zusammengepackt hat.

Und wir lauschen, mit langen Ohren. Ein Solo singendes Rotkehlchen an einem Frühjahrsmorgen, der so früh ist, dass man ihn noch Nacht nennen kann – das ist eine Andachtsstunde.

»Zuerst machen mich die Töne schwermütig, dann heben sie mich höher als hoch zu einem Gefühl, das ich von dem Besten kenne, das ich je erlebt habe«,[26] schreibt der Schriftsteller Björn Berglund.

Im September und Oktober gilt für Rotkehlchenfreunde mit eigenem Garten erhöhte Aufmerksamkeit. Dann verlieren die Rotkehlchen einen Teil ihres Misstrauens gegenüber den Menschen, und es geschieht nicht selten, dass der im Herbst umgrabende Gartenbesitzer Gesellschaft bekommt. Da sitzt der kleine Einzelgänger – vielleicht auf dem einen Bügel der Schubkarre oder auf dem Handgriff des im Moment ruhenden Spatens – und schaut nur gelassen, als suche es Gesellschaft. In Wirklichkeit wartet es eher darauf, dass der Spatenstich essbare Kleinlebewesen freilegt.

Dessen ungeachtet, kann man den Zufall dankbar genießen. Denn schon bald verschwinden die Rotkehlchen des Nordens nach Süden, während sie in Mitteleuropa Standvögel sind.

Wenn man so viel Glück hat wie Annika Gustaffson, kann man auch in Südschweden ganzjährig Rotkehlchengesellschaft haben:

In unserer unmittelbaren Nähe gibt es einen Park, aber das Rotkehlchen hat sich entschieden, sich genau hier aufzuhalten, in dem kleinen Garten von höchstens 400 Quadratmetern, den wir mit den Nachbarn teilen. Wir haben einen fünf Meter hohen Ahorn und zwei riesige Rhododendronbüsche. Darunter gibt es einen flachen Stein, auf den ich Äpfel und Rosinen für Rotkehlchen und Amseln zu legen pflege. Sie kommen gern dorthin und fressen.

Unser Rotkehlchen hat keinerlei Angst vor der Hauskatze. Es bleibt auf dem Zaun ruhig sitzen, wenn die Katze kommt, manchmal nur eineinhalb Meter entfernt. Der kleine, unverschämt selbstsichere Vogel sitzt da mit seinem hübschen roten Latz, redet vor sich hin und zeigt: »Hier wohne ich!« Es ist, als ob er verstünde, dass genau diese Katze keine Vögel jagt, denn so ist es.

Komme ich in die Nähe, fliegt es dagegen weg, aber nur ein kleines Stück: »Ja, hier sitze ich!« Ich liebe es!

HAUSSPERLING

HAUSSPERLING. Recht häufig stößt man auf Dichter, die das Wesen eines Vogels mindestens so treffsicher erfassen wie ein Vogelbuchautor. So ist es mit Werner Aspenström und dem Haussperling, auch Spatz genannt.

Sie plustern sich auf, lärmen, parlieren,
debattieren, von Ast zu Ast hüpfend.
Im Schraubeneiswinter
halten sie die Nagelsuppe warm.[27]

Ja, es wird einem jedes Mal ein bisschen warm ums Herz, wenn man an einem Zwitscherstrauch vorbeikommt – das ist übrigens auch ein aspenströmsches Wort: »*Zwitscherstrauch!*« – und den redefreudigen Suppenkoch der Sperlinge hört. Haussperlinge sind wirklich sozial und können nicht den Schnabel halten. Sie müssen die ganze Zeit kontrollieren, dass die anderen da sind und alles in der Haussperlingswelt so ist, wie es sein soll. Sie verfolgen ein großes Projekt, schreibt Aspenström:

noch einen Tag und eine Nacht leben
und einen weiteren Tag ...[28]

Die Faszination, die der Haussperling auf Aspenström und viele andere Dichter ausübt, beruht vermutlich darauf, dass diese Vögel dankbare Repräsentanten für das Anspruchslose, das alltäglich Heroische sind. Recht viele von uns haben doch das Gefühl, innerlich protestieren zu müssen, wenn zu viel Augenmerk auf Sensationen gelegt wird, auf starke Farben und extreme

Darbietungen. Mitunter muss man einfach dem Gewöhnlichen huldigen, und das ist es, wofür der Haussperling steht. Noch einen Tag leben und noch eine Nacht und einen weiteren Tag, darum geht es ja im Leben. So unattraktiv ist der Haussperling eigentlich nicht, insbesondere nicht das Männchen, um es herum leuchtet es ordentlich. Und so besonders gewöhnlich ist er auch nicht mehr. Aber beginnen wir von vorn.

Der Haussperling kommt ursprünglich aus dem Mittleren Osten. Es muss eine Zeit gegeben haben, da er für sich lebte, ohne menschliche Gesellschaft, und nur von Samen aus der Natur. Aber schnell entdeckte er, dass es gut war, sich in der Nähe dieser Menschen zu halten, weil sie Futter anbauten. Der Haussperling wurde ein Getreideesser, und als der Getreideanbau die Welt eroberte, tat das auch der Haussperling.

Sie sind wirklich keine Weitflieger, so geschah die Eroberung sachte in der Spur der Menschen und deren Pferde, durch Europa bis jenseits des nördlichen Polarkreises. Ja, Haussperlinge mögen Pferde, denn wo es Pferde gibt, finden sich immer etwas verschüttetes Körnerfutter und einige unverdaute Körner in den Pferdeäpfeln.

Plötzlich war der Haussperling fast überall. Überall da, wo es menschliche Behausungen gab, fand er sich gut zurecht. Etwas *zu* gut, meinten manche. Haussperlinge wurden vielerorts als Getreidediebe und Luftratten angesehen und dementsprechend verfolgt.

Auch über das Meer breiteten sich die Vögel aus. Bisweilen emigrierten sie nach dem ausdrücklichen Willen des Menschen. So wurden Haussperlinge in den 1850er-Jahren nach New York gebracht, um Schadinsekten zu bekämpfen, vermehrten sich aber so schnell, dass sie selbst als Schädlinge angesehen wurden. Mitunter reisten sie aus eigenem Antrieb, wofür Denis Summer-Smith in seinem Klassiker *The Sparrows* (Die Spatzen) mehrere Beispiele gibt. Er berichtet, wie 1919 an die 20 Haussperlinge die Falklandinseln besiedelten, indem sie mit Walfängern von Montevideo nach Uruguay reisten. Ein anderes Beispiel sind die vier Haussperlinge, die am 14. Juli 1950 in Bremerhaven an Bord eines Schiffs gingen und es erst nach der Ankunft in Melbourne in Australien verließen.

Heute ist die Art der weltweit am weitesten vorkommende wild lebende Kleinvogel.

Während der Haussperling sich in manchen Teilen der Erde noch ausbreitet, ist er in Europa vielerorts zurückgegangen. Am schlimmsten war der Niedergang in Großbritannien, wo die Bestände regional bis zu 90 Prozent schrumpften.

Eine Teilerklärung für den Rückgang ist sicher, dass es heute in den Städten keine Pferdekutschen mehr gibt und dass es überhaupt überall viel aufgeräumter und ordentlicher ist. Es scheint für die Haussperlinge sowohl in den Städten als auch in der Umgebung vieler moderner Bauernhöfe schwierig zu sein, Insekten zu finden. Und Insektenmangel ist verheerend, denn wenn auch erwachsene Haussperlinge Körnerfresser sind, benötigen die Jungen in den allerersten Tagen Blattläuse und andere Krabbeltiere. Sonst verhungern sie.

Die gute Nachricht ist, dass der Rückgang der Haussperlinge abgeebbt zu sein scheint, zumindest mancherorts. Vielleicht zeigt die Entwicklung irgendwann auch wieder leicht nach oben, zur Freude von Gunilla Hamnes:

Das ist nur *ein Haussperling, sagen viele, aber für mich ist es genau andersherum. Ich liebe es, das Gewöhnliche als etwas Spezielles anzusehen. Die Haussperlinge sind meine Freunde. Während andere sie vom Kaffeetisch verscheuchen, ohne sie überhaupt anzusehen, denke ich, dass sie mir Gesellschaft leisten. Ich kann es nicht fassen, wie man fast routinemäßig Haussperlinge außer Acht lassen kann, es sind fantastische Geschöpfe. Ich reise viel und sehe sie hier und dort, besonders in Europa. Das fühlt sich sehr vertraut an. Sie sind immer dabei, wo Menschen sind. Sie leben inmitten unter uns.*

Wenn man im Winter draußen ist, kann es passieren, dass plötzlich ein ganzer Busch zu leben scheint. Da sitzen sie dann, die Haussperlinge, und zwitschern – und sind fast nicht zu sehen, denn sie haben dieselbe Farbe wie der Winter. Dann muss ich lachen. Was ist los? Worüber reden sie?

SPROSSER

SPROSSER. Man kann ein ganzes Leben als Bewunderer des Sprossers verbringen, ohne den Vogel jemals zu sehen, versteckt wie er fast immer ist, verborgen in einer Wolke von Chlorophyll. Dichtes Unterholz und eine ausgeprägte Krautschicht sind für seine Bruthabitate charakteristisch.

Aber hören kann man ihn, dort aus seinem Gebüsch. Mitunter fast etwas zu gut. Die Nähe der meisten Vögel nimmt man wohlwollend und freudig wahr, doch selbst ein eingefleischter Vogelfreund kann zu der Erkenntnis kommen, dass ein singender Sprosser besser einen gewissen Abstand zum Schlafzimmerfenster einhält. Singt er doch oft die ganze Nacht über, außerdem hier und da am Tag. Und er tut dies mit beträchtlicher Lautstärke. Wie schlafstörend er sein kann, schildert Stefan Sundströms Lied »Näktergal« (Sprosser): Der Protagonist fällt schließlich aus reiner Verzweiflung den geliebten alten Apfelbaum, nur damit der Sprosser umzieht und im Sommerhaus wieder Nachtruhe einkehrt.

Wie anders stellt sich das bei der südwestlichen Schwesterart des Sprossers dar, der besonders in Deutschland beliebten Nachtigall. Denken wir daran, wie die Nachtigall in der Liste der besten Sänger ganz oben steht, nicht zuletzt in Großbritannien. Denken wir an das Zeitalter der Romantik und an Sonette, an Dichter wie Milton und Keats, an »O nightingale« und »sing'st thou«.

Und hier haben wir zu unterscheiden, um Missverständnissen vorzubeugen. Während die wissenschaftlichen Namen eindeutig sind, kommt es beim Trivialnamen zu Verwirrungen. Diejenigen, die in Skandinavien leben, lauschen einer anderen »Nachtigall« als die Deutschen, Engländer und Mitteleuropäer. Deren Art nennen die Skandinavier Südnachtigall

(»sydnäktergal«), sie kommt dort nicht vor. Der Name deutet an, dass sie diese bewusst oder unbewusst als eine südliche Variante ihrer eigenen »richtigen Nachtigall« ansehen. Mittel- und Westeuropäer sehen das natürlich genau andersherum: Für sie ist die skandinavische Art, der Sprosser, eine exotische, nordöstliche Variante ihrer Nachtigall.

Wie dem auch sei – die nördliche Sängerin wurde mit ihrer südwestlichen Verwandten in einen Topf geworfen und hat einen schmeichelhafteren Ruf, als sie vielleicht verdient.

Die Nachtigall singt ebenso kraftvoll wie der Sprosser. Ein deutscher Wissenschaftler notierte in Berlin als höchsten Wert 95 Dezibel, was der Lautstärke einer Motorsäge in einem Meter Entfernung entspricht. Aber die Nachtigall singt schöner als der Sprosser, der in ruhigen Nächten kilometerweit zu hören ist. Ihr Gesang ist melodischer und abwechslungsreicher und etwas weniger heftig.

Damit soll nicht gesagt werden, dass der Gesang des Sprossers nicht auch faszinierend und berührend ist. Und auf seine Weise schön. So zeigte sich Tomas Tranströmer in der »grünen Mitternacht«, die in seinem Gedicht »Näktergalen i Badelunda« (Der Sprosser in Badelunda) herrscht, dankbar:

> *Die Stimme des Sprossers tritt nicht zur Seite, sie ist so durchdringend wie das Krähen eines Hahns, aber schön und ohne Eitelkeit. Ich war im Gefängnis und er besuchte mich. Ich war krank und er besuchte mich. Ich bemerkte es seinerzeit nicht, aber nun.*[29]

Und Monica Gyllenstierna zögert nicht, den Sprosser als ihren Lieblingsvogel zu bezeichnen:

Man sieht den kleinen unansehnlichen Vogel fast nie, aber er singt fantastisch. Für mich ist er verknüpft mit Frühsommerabenden und hellen Nächten zwischen blühenden Traubenkirschen und Flieder.

Da, wo wir früher wohnten, gab es viele konkurrierende Sprossermännchen. Ich mochte das. Nach einer Weile konnte es einem etwas zu viel werden, wenn sie von allen Seiten sangen, aber das war trotzdem leicht auszuhalten, da man wusste, dass damit nach Mitsommer Schluss war. Und dann war es sehr ruhig.

Inzwischen sind wir von den Sprossern weggezogen, aber ich denke jedes Jahr an sie. Und manchmal habe ich an unserem früheren Wohnort etwas zu erledigen und darf sie wieder hören. Dann bleibe ich stehen und lächle ... der Gesang ist so schön!

Ich habe tatsächlich auch meinen Lieblingsvogel in dem Versuch bemüht, meine Söhne zu Gentlemen zu erziehen. Ich habe ihnen geraten, »Meines Herzens Sprosser singt nur für dich« zu sagen, wenn sie das Herz eines Mädchens gewinnen wollen. Bei so etwas verdrehen meine Söhne die Augen und sagen mir, dass man sich so heute nicht mehr ausdrückt.

KLEIBER

KLEIBER. Das Erste, was man über den Kleiber lernt, ist, dass er – als einziger Vogel überhaupt – kopfüber einen Baumstamm hinunterklettern kann. Als Nächstes erfährt man, dass das Weibchen eine geschickte Maurerin ist, die bei Bedarf das Loch in der Bruthöhle mit Lehm auf perfekte Kleibergröße verkleinert, oder dass das Kleiberpaar extrem ortstreu ist und das ganze Jahr über in seinem Revier bleibt.

All das ist natürlich spannend und besonders, aber verlassen wir für einen Augenblick die biologische Perspektive und betrachten den Kleiber stattdessen als Möglichkeit, eine Beziehung aufzubauen: eine Übung in Nähe. Denn etwas scheint dieser Vogel an sich zu haben, das zu solchen Übungen anregt, zumindest, wenn man den Dichtern glauben darf.

Wie mag es sich wohl anfühlen – fragt sich zum Beispiel die amerikanische Lyrikerin Kirsten Dierking –, wenn ein Kleiber von einem Baum herunterfliegt und anbietet, sich auf deine linke Schulter zu setzen und dich auf all deinen alltäglichen Wegen zu begleiten: von der Garage ins Haus, vom Haus zum Briefkasten, vom Geschäft zum Auto auf dem Parkplatz.

Der leichte Druck der kleinen Füße. Flügelgeflatter am Rand des Gesichtsfelds. »Wäre das nicht so viel schöner, als einsam zu sein? So viel leichter, als zu versuchen, ein Gesprächsthema zu finden?«[30]

Noch konkreter wird Mary Oliver, deren Naturbetrachtungen in Gedichtform in den Vereinigten Staaten äußerst beliebt sind. Sie beschreibt ihre Gefühle, wenn sich nach Stunden vergeblichen Wartens im Schnee ein Kleiber auf ihrer Hand niederlässt, um Walnüsse zu fressen. Was sie empfindet, als sie sich eines Tages etwas verspätet und feststellen muss, dass der Vogel auf der Hand eines Fremden sitzt. Man könne nicht das Herz eines Vogels gewinnen, schreibt sie, »aber weil ich ein Mensch bin und daher parteiisch, was mein Glück angeht [...], glaube ich, dass ich morgen besonders früh dort sein werde«.[31]

Hier geht es um eine andere, fraglos nahe verwandte Kleiberart als die europäische, doch ist der Schritt von Dierking und Oliver zu einem der beliebtesten Vogelbücher in schwedischer Sprache, *Samtal med en nötväcka* (Gespräch mit einem Kleiber), nicht weit.

Alles begann in einem heißen Sommer Mitte der 1950er-Jahre, als der Schriftsteller und Maler Björn von Rosen regelmäßig in seinem Garten saß und arbeitete. Gesellschaft leistete ihm oft ein Kleiber, der ihm bei der Nahrungssuche ungewöhnlich nahe kam. Björn von Rosen begann, dem Vogel Aufmerksamkeit zu schenken. Zum Schluss war dieser in seiner Gesellschaft so entspannt, dass er ihm aus der Hand fraß, ihm auf dem täglichen Gang zum Briefkasten folgte und sich auf das Fensterbrett setzte und hineinschaute, wenn Rosen im Haus verschwand. Das Buch ist erfüllt von Alltagsglück, das aus dem Gefühl der Zusammengehörigkeit mit einem anderen Lebewesen herrührt: anders und doch gleich.

Der Vogel wurde Pumpan getauft und blieb mehr als neun Jahre Rosens Freund – ein Beweis für die Ortstreue des Kleibers.

Das *Gespräch mit einem Kleiber* lässt sich als Handbuch der Kunst, einem Vogel nahe zu kommen, lesen. Dies mag eine Bagatelle sein, wenn es um Stadtvögel geht, die blasiert zwischen den Tischen der Straßencafés herumlaufen, aber eine beträchtliche Herausforderung im Falle von Landvögeln, die noch ihre natürliche Scheu zeigen. Wer den besonderen Augenblick erleben will, in dem sich der Vogel schließlich auf der wartenden Hand niederlässt, muss vor allem Geduld haben: »Es lohnt sich nie, sich auf so etwas einzulassen, wenn man nicht viel Zeit hat, entspannt ist und sich in Harmonie mit sich fühlt. Ein noch so kleiner Anflug von Ungeduld scheint von dem Vogel unmittelbar bemerkt zu werden, worauf er sofort reagiert, indem er den Kopf abwendet oder – wenn es sich um einen Kleiber handelt – im Baum höher nach oben klettert.«[32]

Vielleicht ist das Buch nichts anderes als eine Unterweisung in Demut. Es lehrt, dass Nähe zu einem Vogel kein Anrecht ist, sie ist eine Gunst, die uns erwiesen werden kann. Es lohnt sich nicht, es zu versuchen, bevor der Vogel selbst sein Interesse gezeigt hat: »[...] was man selbst tun kann, ist lediglich, auf die richtige, behutsame Weise den Zufall zu nutzen.«[33]

Als Rosen später auf seine Zeit mit Pumpan zurückschaute, beschrieb er sie als etwas völlig außerhalb und über dem Alltag Stehendes, als ein Stück erlebter Lyrik.

Ähnlich wie die sehr spezielle Begegnung von Elin Mattsson mit einem Kleiber.

Schon als wir die Kirche betraten, bemerkte ich den Kleiber, der darin herumflog. Ich hatte kein Problem damit, ihn zu bestimmen, denn ich war als Kinder sehr an Vögeln interessiert.

Meine Nichte Hilda sollte an diesem Tag getauft werden, es sollte eine Taufe im mittelalterlichen Stil während des Mittelaltermarkts in Leksand werden. Zu diesem Markt zu fahren ist für unsere Familie wichtiger als Weihnachten – wir sind Mittelalter-Nerds.

Ich fragte mich, was der Kleiber wohl dachte: Versuchte er hinauszukommen? Hatte er nur ein bisschen Spaß? Er wirkte überhaupt nicht panisch.

Als die Taufzeremonie begann, ließ er sich auf dem Kreuz vorn bei der Kanzel nieder. Er saß die ganze Zeit ruhig da, bis wir fertig waren, dann flog er wieder herum.

Ich habe mich gefragt, was da eigentlich los war. War der Kleiber ein Verwandter in Vogelgestalt? Solche Gedanken sind mir nicht fremd. Was auch immer es war, die Begegnung mit dem Vogel war etwas sehr Spezielles. Später bestellte ich bei einem Handwerker auf dem Markt einen gefilzten Kleiber als verspätetes Taufgeschenk für Hilda.

BUCHFINK

BUCHFINK. Wäre er nicht einer der verbreitetsten Vögel und daher überall in unserer Nähe, wäre es wohl einfacher gewesen zu erkennen, wie hübsch Buchfinken sind. Besonders die Männchen im Frühjahr, wenn die Farben am kräftigsten sind. Die Farbstellung ist gewagt, nur wenige Menschen könnten sie mit Stil tragen. Aber das Buchfinkenmännchen kann es. Auch das Weibchen besitzt eine raffinierte Schönheit, jedenfalls aus der Nähe: eine Farbkarte, die zeigt, wie unterschiedlich Beige sein kann.

Aber meist schaut man nicht genau genug hin. Wenn es um Anziehungskraft geht, sind manche Vögel etwas zu alltäglich, um sich behaupten zu können. Man stelle sich vor, man müsse sich durch abgelegene Sumpfwälder schlagen, um möglicherweise, wenn man Glück hat, einen Buchfink zu sehen zu bekommen. Welch ein Traumvogel wäre es dann!

Nun muss man auf ganze andere Weise darum kämpfen, den Buchfinken wirklich zu *sehen,* indem man aktiv den Graufilter des Wohlbekannten abschüttelt.

Die schwedische Dichterin Ingrid Sjöstrand lässt sich von der vermeintlichen Langweiligkeit der Buchfinken nicht beeinflussen. Wenn die Millionen von Buchfinkenmännchen zu Beginn des Frühjahrs in den Norden zurückkehren (die Buchfinken Nord- und Osteuropas sind Zugvögel, die mitteleuropäischen lediglich Teilzieher), ist das in ihren Augen ein glitzernder Siegeszug:

In der Nacht
wurde lautlos
jedes Gebüsch

von einem Buchfinkenmännchen
erobert.
Ein vollendetes Manöver!
Generäle!
Geht heim und legt euch hin![34]

In einem anderen Gedicht Sjöstrands singt das Buchfinkenmännchen unaufhörlich seine Weise, sodass Freude durch die gekippten Fenster, Kellerluken und Lüftungsöffnungen dringt: »daslebenistsoschöndassesnichtklugist«.

Und dann fügt sie abschließend etwas lakonisch hinzu:

In der Nacht
erfriert er
möglicherweise.[35]

Und so ist es natürlich. Wie alle anderen Vögel bewegen Buchfinken sich auf dünnem Eis. Auf der einen Seite ist es mitunter Herausforderung genug, einfach zu überleben. Auf der anderen Seite soll alle Kraft darauf verwendet werden, einen Partner zu finden und mit diesem für neue Buchfinken zu sorgen.

Das primäre Mittel, das dem Buchfinkenmännchen für die Brautwerbung zur Verfügung steht, ist der Gesang, die energische fallende Tonfolge mit dem Knurren am Schluss.

Ist es dem Männchen gelungen, das Interesse eines Weibchens zu wecken, wird der Gesangseinsatz durch Flugrunden mit nachtfalterähnlich flatternden Flügeln und fröhlichen Tänzen ergänzt, um die männlichen Reize zu präsentieren. Aber der Gesang ist und bleibt der stärkste Pfeil im Köcher, wenn es um die Gunst des Weibchens geht. Es singt für sie, für sie und die rivalisierenden Männchen – nicht für uns.

Was uns ja nicht daran hindert, ihn zu hören und uns berühren zu lassen. Eine ganz besonders enge Beziehung gerade zu dieser Art hat Sofia Gustaffson entwickelt, seit ein Buchfinkenmännchen ihr Interesse für Vögel weckte:

An dem Haus, in dem ich als Studentin wohnte, stand ein knorriger, ungeschnittener, hoher und schmaler Apfelbaum. Vor unserem Küchenfenster in der zweiten Etage, im Wipfel des Baums, saß ein Buchfink und sang mehrere Jahre den ganzen Frühling über. Er hatte so schöne Farben, einen kecken Gesichtsausdruck und weckte Frühlingsgefühle. Stell dir einen Buchfinken vor, der zwischen Apfelblüten sitzt und über ein fröhliches Leben singt! Es war das reine Glück.

ZAUNKÖNIG. Wenn man zwischen zusammengebrochenen Baumstämmen in der Bodenschicht des Waldes ein intensives Rattern hört (»zerrrr«), dann sollte man stehen bleiben und sich etwas umschauen. Es kann sich, mit den Worten des Dichters Ted Hughes, um die Alarmanlage der Untervegetation handeln, den sommersprossigen Inspektor des Kellergeschosses des Waldes. Den Zaunkönig.

In manchen Gegenden wurde er Däumling genannt. Weshalb, ist leicht zu begreifen. Der Vogel ist so klein und knubbelig, dass man Nan Shepherds Irrtum versteht, von dem sie in *Der lebende Berg* erzählt: »Und einmal im Glen Slugain sauste ein Paar goldener Hummeln (wie es mir schien) in ausgelassenem, rasantem Wirbel an mir vorbei. Aber das konnte nicht sein – sie waren zu groß. Ich verfolgte sie. Es waren junge Zaunkönige.«[36]

Der Zaunkönig liebt es eng: Er muss sich leicht verstecken können, damit er sich wohlfühlt. Eine Bachschlucht mit freigespülten Wurzeln, Schling- und Kletterpflanzen im Wald ist ein typisches Zaunkönigbiotop, aber ein Garten mit reichlich Gebüsch, Reisighaufen, Steinmauern und Holzstapeln kann auch funktionieren.

Wenn der eifrige kleine Charmeur lossingt, fällt er auf. Bereits der ratternde Warnlaut *(»Zerrrr«)* ist deutlich, der schmetternde Gesang mit metallisch klingenden und trillernden Lautfolgen mehr als durchdringend. Es ist schwer zu verstehen, dass ein so kleiner Körper so stimmgewaltig sein kann. Kleine Vögel pflegen ihrer Größe entsprechend zu singen: Das Wintergoldhähnchen zum Beispiel hat die dünnste aller Vogelstimmen. Aber der Zaunkönig demonstriert volles Volumen vom Beginn der explosiven ersten Strophe bis zum Schluss. Ein singender Zaunkönig soll zehnmal kraftvoller sein als ein krähender Hahn, in Dezibel pro Gramm Körpergewicht ausgedrückt. Sogar mitten im Winter kann er seine Salven abfeuern – er ist einer der wenigen Vögel, die auch in der kalten Jahreszeit singen, um ihren Platz gegenüber Artgenossen zu verteidigen. Daher kommt auch die Bezeichnung »Schneekönig«.

Zaunkönige zeichnen sich zudem durch ihre Eier aus. Sie schmecken abscheulich. Das wissen wir dank des Zoologen Hugh B. Cott, der einen Teil seines Berufslebens der Frage widmete, wie gut die Eier verschiedener Vögel zum einen Igeln, Ratten, Iltissen und Katzen schmeckten, zum anderen einer Gruppe menschlicher Eiertester. Kleine Portionen artspezifischer Rühreier wurden unter kontrollierten Bedingungen über Dampf zubereitet, um dann blind verkostet und bewertet zu werden. Nach der Eiverkostung von 81 Vogelarten wurde 1948 eine Teilstudie publiziert, der zufolge der Zaunkönig mit einer Bewertung von 2,0 am unteren Ende der bis 10,0 reichenden Skala landete. Zwar wurden im weiteren Verlauf der Arbeit unter den insgesamt geprüften 212 Vogelarten eine noch ekliger schmeckende Eivariante – die der Tannenmeise – entdeckt, aber das ändert nichts an der Tatsache: Zaunkönigeier sind alles andere als köstlich, weder für Menschen noch für Tiere.

Diese Untersuchungen sind natürlich nur ein Nebenschauplatz, wenn es um das Verhältnis von Mensch und Zaunkönig geht. Und viele genießen den Anblick des lebendigen Vogels wie wir, bleiben stehen und lassen sich berühren von dem däumlingskleinen Wesen, das plötzlich mit in den Wind gestelltem Schwanz dasitzt und den Wald mit Gesang erfüllt – ungeachtet seiner geringen Größe.

Auf manche übt der Zaunkönig eine besondere Faszination aus, wie auf den Vater des preisgekrönten Schriftstellers und Journalisten Johan Tell:

Mein Vater kannte sich überhaupt gut mit Vögeln aus, aber gerade der Zaunkönig war der Einzige, über den er als etwas Besonderes sprach. Er war so etwas wie sein Totemtier. Er fühlte sich mit ihm seelisch verwandt, ich denke, dass er auf irgendeine Weise seine Ideenwelt symbolisierte.

Die Männer in Vaters Familie waren seit vielen Generationen Schmiede, er wuchs in der Schmiedewerkstatt auf einem großen Gut bei Söderåsen in Skåne auf. Aber Vater kehrte Kraftprotzen, Alkohol, Tabak und Kartenspiel den Rücken. Er schlug eine andere Richtung ein, wurde zum Leser, geistig Suchenden und Freiluftmenschen, der viel in der Natur wanderte, und das bis zu seinem Tod.

Als wir den Umschlag mit den Anweisungen für sein Begräbnis öffneten, lag da nur eine Karte von Söderåsen mit einem Kreuz darauf. Bei dem Kreuz sollten wir seine Asche ausstreuen. Als wir an die Stelle kamen, zeigte es sich, dass der Platz in einem unansehnlichen, ungepflegten Mischwald lag. Wir fanden einen Bach mit einer kleinen Insel von 25 Quadratmetern, die mein Vater Eden nannte. Hier! Wir erfüllten den Wunsch, mein Bruder und ich, es fühlte sich gut an. Ich denke mir, dass sich an diesem Platz auch Zaunkönige wohlfühlen können.

Mein Vater war sein ganzes Leben ein Erfinder. Als ich 40 Jahre alt wurde, bekam ich ein Windrad, das er aus dem Rad eines Fahrrads und sechs gleichmäßig zulaufenden Trichtern, die es antreiben, gebaut hatte, die Windfahne aus Kupfer hat die Form eines Zaunkönigs. Das Windrad steht neben unserem Sommerhaus, eine schöne Erinnerung. Manchmal sehe ich dort einen Zaunkönig in der Eiche vor dem Arbeitszimmer.

EICHELHÄHER

ZWERGGANS

ROTSCHENKEL

MEERSTRANDLÄUFER

AUERHUHN

AUERHUHN. Vier Kilo pure Besessenheit mit gekrümmtem Schnabel, schwarz glänzendem Gefieder und üppigen roten »Augenbrauen«. Aus der Nähe ist der balzende Auerhahn großartig: gleichzeitig operettenhaft kokett und fast erschreckend kraftvoll.

Kein Wunder, dass die Auerhahnbalz für manche eine solche Anziehungskraft besitzt.

Aber wenden wir uns für eine Weile von dem Spektakulären ab und unsere Aufmerksamkeit dem zu, was danach geschieht: das Stille und Verborgene, das, worauf die ganze groß aufgemachte Theatervorstellung der Balzarena abzielt.

Dann sind die extravaganten Hähne an den Rand gerückt, und es ist die Henne, die die Hauptrolle spielt. Die Henne und die Heidelbeersträucher.

Das ganze Leben und Überleben der Auerhühner kreist im Frühjahr und Sommer um dieses Gewächs. Zuerst sind Heidelbeertriebe und Heidelbeerblüten die Lieblingsnahrung der brütenden Henne in der kurzen Zeit – zusammengenommen eine knappe halbe Stunde pro 24 Stunden –, in der sie das Nest zum Fressen verlässt. Anschließend sind Schmetterlingsraupen und andere Kleintiere, die vornehmlich von Heidelbeerblättern leben, das Basisfutter für die Auerhuhnküken, die bereits am ersten Tag auf eigenen Beinen stehen können. Die Henne führt sie im Wald herum und hält die Gruppe zusammen, mal mit beruhigenden Lauten, mal mit scharfen Warnlauten. Aber es ist Sache der Küken selbst, Nahrungsbissen auf den Heidelbeersträuchern zu finden, die anfangs für sie genauso hoch erscheinen müssen wie ein Baum für uns.

Wie üblich verlief die Evolution zweckgerichtet. Der Schlüpfzeitpunkt ist so abgepasst, dass er in die Zeit fällt, in der es die meisten Raupen zu fressen gibt. In den besten feuchten Nadelwäldern Skandinaviens kann die Verfügbarkeit extrem gut sein, norwegische Wissenschaftler haben dort bis zu 800 Schmetterlingsraupen pro Quadratmeter gezählt.

Aber wenn das Frühjahr kalt ist, kann die Lage besorgniserregend werden. Zum einen gibt es dann weniger Raupen, zum anderen können die Küken nicht so viele Stunden pro Tag fressen, weil sie mehr Zeit unter den Flügeln der Henne verbringen müssen, wo sie Wärme und Schutz vor Regen finden.

Wenn die Wochen ins Land gehen, wird die Nahrung immer vegetarischer. Im Herbst dominieren Beeren, und mit Beginn des Winters wird sie extrem eintönig: Kiefernnadeln, Kiefernnadeln und Kiefernnadeln. Vögel sind eigentlich nicht dazu gemacht, so schwer verdauliches Futter zu fressen, da sie keine Zähne haben, um damit zu kauen. Im Fall der Auerhühner geht das trotzdem gut, denn sie beschaffen sich eine Art innere lose Zähne, indem sie Kies und kleine Steine schlucken. Der Magen ist sehr muskulös, und die Innenseite fühlt sich ungefähr wie Sandpapier an – mithilfe der Sandpapieroberfläche und der geschluckten Steine können die nützlichen Stoffe aus den Kiefernnadeln gelöst werden. Auf diese Weise überleben die Auerhühner den strengen und nahrungsarmen Winter.

In dieser Jahreszeit ist Fressen im Prinzip das Einzige, womit sich Auerhühner beschäftigen, zumindest in den wenigen hellen Stunden des Tages. Nachts schlafen die Vögel in speziell ausgewählten Schlafbäumen. Der Magen jedoch arbeitet den ganzen Tag, und ungefähr alle zehn Minuten zeigt sich eine Kotwurst, ganz gleich, ob das Auerhuhn schläft oder nicht. Das führt dazu, dass zum Schluss ein großer Haufen Auerhuhnlosung unter dem Schlafbaum liegt.

Solche Kothaufen, im Übergang vom Spätwinter zum Vorfrühling gefunden, lassen den Puls bei eingefleischten Fans der Auerhahnbalz deutlich steigen. Wahrscheinlich hat man einen Schlafbaum gefunden, auf dem die Hähne die Dämmerung und den großen Auftritt erwarten, bei dem es um die Entscheidung geht, wer den höchsten Status hat und sich mit allen Weibchen paaren darf.

Für den, der die Auerhahnbalz beobachten will, ist es Zeit, das Versteck vorzubereiten und Schlafsack, Kamera und Proviantdose hervorzuholen. Und eine Campingtoilette, denn man muss am Vorabend schon einige Zeit vor Sonnenuntergang im Versteck sein und will nicht riskieren, die Vögel zu vertreiben, nur weil man sich hinauszwängen muss, um sich zu erleichtern. Klingt das ein bisschen unbequem? Das ist kein Hinderungsgrund für jemanden, der Feuer gefangen hat und wie beispielsweise Håkan Nunstedt in seinem Auerhuhnversteck sitzt:

Ich war erst 13 Jahre alt, als ich das erste Mal die klickenden Laute der Auerhähne im Dunkeln des Waldes hörte. Das elektrisierte mich. Die Spannung, das Mystische, das Unvorhersehbare!

Mehr als vierzig Jahre mache ich das schon. Das Interesse scheint nicht nachzulassen, ich lag insgesamt 276 Nächte draußen. In den meisten Nächten passiert nicht allzu viel. Man liegt da im Versteck und wartet und lauscht, die Zeit vergeht irgendwie.

In der 271. Nacht geschah das, worauf ich alle die Jahre gewartet hatte. Ich kam an eine Stelle, die ich auf der Karte entdeckt, aber nie besucht hatte, und ich erkannte auf den ersten Blick, dass es hier ein enormes Potenzial für eine gute Auerhahnbalz gab. Nachdem ich einige Nächte dort verbracht und mein Versteck ein paar Mal verlegt hatte, konnte ich in die Nähe der Balzarena des dominanten Platzhahns kommen. Es waren auch viele Hennen da. Eines Morgens sah ich insgesamt 30 Auerhühner, darunter sieben bis acht Hähne, die den Platzhahn herausfordern wollten. Ich glaubte, ich hätte das meiste erlebt, aber das, was folgte, war einzigartig!

Ich pflege zu sagen, dass ich ein Urwaldsüchtiger bin, diese Erlebnisse und Kicks sind Lebensqualität für mich. Sobald die Saison vorbei ist, sehne ich das nächste Jahr herbei.

AUERHUHN

RINGELTAUBE

RINGELTAUBE. Man soll bekanntlich nicht nach dem Äußeren urteilen, aber manchmal fällt das schwer.

Die Ringeltaube ist eigentlich ein recht hübscher Vogel, mit den sanften und etwas schminkpudrigen Farbtönen, die ohne scharfe Grenzen ineinander übergehen: vom Regenwettergrau des Kopfs über das Purpurrosa der Brust bis zum Graubraun des Rückens. Aber die Proportionen sind es, der kleine Kopf und der große schwere Körper, die sie etwas schwerfällig aussehen lassen. Und dann sind da die asymmetrischen Pupillen, die, wie Jonsson in *Wintervögel* hervorhebt, die Ringeltaube schieläugig aussehen lassen.[37]

Aber langsam. Die Ringeltaube ist natürlich weder schwerfällig noch schielt sie, ihr Körperbau ist perfekt für das, was Ringeltauben tun. Fliegen zum Beispiel – schnell, kraftvoll und ausdauernd. Eine Fluggeschwindigkeit von über 60 Kilometern in der Stunde ist für einen Trupp Ringeltauben nicht ungewöhnlich. Die Flügelschläge sind extrem tief, und wenn man bei einem Waldspaziergang eine Ringeltaube aufscheucht, klatscht sie beim Auffliegen so laut mit den Flügeln, dass man befürchten könnte, diese nähmen dabei Schaden.

Eine ganz spezielle Flugvorstellung ist der schwindelerregende Balzflug des Männchens im Frühling, mit dem es dem Weibchen imponieren will. Es fliegt 20 bis 30 Meter steil hinauf, klatscht mit den Flügeln – wie ein kurzer Applaus – und gleitet dann mit aufgefächertem Schwanz und steif gehaltenen Flügeln abwärts. Selbst diejenigen, die das Schauspiel vom Boden aus betrachten, können das Kitzeln im Taubenmagen spüren: »Iiiiiiiih!«

Ausgeprägte Flugmuskeln sind also eine Erklärung für die Körperform der Ringeltaube.

Aber es sind nicht nur Muskeln, die in der schwellenden Taubenbrust verborgen sind. Wie viele andere Vögel hat die Ringeltaube einen Kropf unter dem Schnabel, einen Anhang an der Speiseröhre, der als Lager für Nahrung dient. Bei Tauben (und wenigen anderen Vogelarten wie Flamingos und gewissen Pinguinen) hat der Kropf noch eine andere, sehr spezielle Funktion. Wenn es an der Zeit ist, Junge aufzuziehen, verändert sich die Innenseite des Kropfs, und er beginnt etwas zu produzieren, was man Kropfmilch nennt. Sie ist jedoch dicker als Milch und ähnelt eigentlich mehr einer Käsemasse. Der Taubenkropf fungiert mit anderen Worten als eine Art innerer Euter.

Die Kropfmilch, die reich an Proteinen und Fett ist und außerdem Antioxidantien und immunverstärkende Stoffe enthält, wird den Jungen gefüttert, solange sie klein sind. Beide Ringeltaubeneltern haben Kropfmilch, aber die Produktion ist energieaufwendig, und die Mengen sind begrenzt, weshalb Ringeltauben so gut wie nie mehr als zwei Eier legen – mehr Eier sind gleichbedeutend mit Unterernährung bei den Jungen.

Die Ringeltaube ist in den letzten 50 Jahren von einem reinen Wald- und Landvogel zum Stadtvogel geworden. In den innerstädtischen Steinwüsten dominieren gewiss immer noch Stadttauben (die eine Zahmform der südeuropäischen Felsentaube sind). Aber in den Gärten der Vorstädte und in Parks ist der sehr charakteristische fünfsilbige Gesang der Ringeltauben – *»DUH-duu, doo-doo ... du«* – zu hören. Diese Laute sind nunmehr selbstverständlicher Bestandteil des Frühlings, und balzfliegende Männchen stürzen sich von unsichtbaren Steilhängen in der Luft hinunter über die Reihenhausdächer, sich selbst applaudierend. Zeigt die Vorstellung Wirkung, wird ein Nest gebaut, mitunter an Stellen, die so unverschämt menschennah sind, dass die Ringeltauben früherer Zeit nicht im Traum daran gedacht hätten, sie zu nutzen. Wie auf der Terrasse von Jeanette Larsen beispielsweise:

Eines Tages lagen zahllose Ästchen auf der Terrasse. Ich fegte sie weg, aber es kamen neue. Dann entdeckte ich ein paar Ästchen quer über dem Bügel für die Gartengeräte, den wir an der Wand haben. Als ich das nächste Mal vorbeikam, lag dort oben eine Taube, aber sie hatte nur zwei, drei Ästchen unter sich, wie ein Nest sah es nicht unbedingt aus. Ich wollte helfen und etwas Hühnerdraht anbringen. Glücklicherweise schaffte ich das nicht, bevor die Tauben schnell ein richtiges Nest gebaut hatten. Danach lag immer eine von ihnen auf dem Nest und brütete, sie wechselten sich ab. Ich fand das wirklich spannend und trat der Facebookgruppe »Fåglar in på knuten« (Vögel in der Nachbarschaft) bei, um zu erfahren, welche Taubenart bei uns brütete: Ringeltaube war die Antwort.

Meine Tochter und ich fühlen uns privilegiert, dass sie unsere Terrasse für ihr Nest ausgewählt haben. Nun haben sie zwei Junge. Meine Freunde sind nicht so beeindruckt, sie sprechen meist nur darüber, dass die Tauben Spuren hinterlassen. Uns stört das nicht. Ich werde sie entfernen, wenn sie weggeflogen sind.

STURMMÖWE

STURMMÖWE. Für gewöhnlich liegen drei Eier in einem Sturmmöwennest. Aber gelegentlich kommt es vor, dass ein Nest die doppelte Anzahl Eier enthält. Dann haben sich mit Sicherheit zwei Sturmmöwenweibchen zusammengetan. Solche gleichgeschlechtlichen Paare sind bei zwei außereuropäischen Möwenarten (eine in Neuseeland und eine an der amerikanischen Westküste) relativ verbreitet, wurden aber auch bei Sturmmöwen beobachtet. Die gängige Erklärung ist, dass der Grund für dieses Verhalten ein Mangel an Männchen ist. In einem Weibchen-Weibchen-Paar ist die Ernährung der Jungen spärlicher, und weniger von ihnen erreichen das Erwachsenenalter – es versteht sich von selbst, dass es für zwei Elternteile schwieriger ist, sechs Junge aufzuziehen als drei. Doch weniger Junge pro Weibchen sind bedeutend besser als gar keine.

Sturmmöwen haben eine gewisse Vorliebe für Gesellschaft, sie brüten gern in kleinen Kolonien von bis zu zehn Paaren. Aber sie brüten auch einzeln: ein Paar hier und ein Paar da. Eine kleine Schäre oder ein großer Stein im Meer – so sieht das klassische Bild eines Sturmmöwenbrutplatzes aus. Die Art ist jedoch nicht besonders traditionsgebunden, man kann faktisch Nester in Bäumen oder auf Hausdächern finden. Letzteres ist immer häufiger geworden, seit sie sich auch in Städten zurechtfinden.

Wenn eine Sturmmöwe vor dem eigenen Fenster in der Stadt brütet, können die schrillen Rufe auf die Dauer doch etwas aufreibend sein. Man kann ihre Lautäußerungen kaum als Gesang bezeichnen. Aber in anderem Zusammenhang werden sie doch aus tiefstem Herzen geliebt – sogar von Menschen, die nicht wissen, dass es gerade Sturmmöwen sind, die rufen. Dank ihrer ständigen Anwesenheit an Meeresstränden und Seeufern stehen die Sturmmöwen für Sommerferien und Urlaub; sobald man sie hört, werden Erinnerungen an schöne freie Tage auf Stegen und an Stränden geweckt.

Wenn man die Vögel gegen den Himmel sieht, ahnt man, warum Möwen und Seeschwalben überwiegend weiß sind, insbesondere auf der Unterseite. Sie jagen nach Kleinfischen und anderen Tieren, die unmittelbar unter der Wasseroberfläche umherschwimmen, und je heller man ist, desto schlechter wird man gesehen, wenn man wie ein Projektil von oben eintaucht. Die weiße Farbe der Möwen ist also eine Art Tarnung: sein wie der Himmel, das Licht.

Außerdem wird vermutet, dass das Weiß als Signal funktioniert, das den Vögeln bei der Kommunikation untereinander nützlich ist. Wenn ein Trupp Möwen so charakteristisch tumultartig über einem Schwarm Kleinfische oder über dem aufgewühlten Wasser hinter einem Fischerboot umherfliegt, ist er auf ziemlich große Entfernung zu sehen. Die weißen Möwen wirken wie flatternde Signalflaggen: »Nahrung!« Schnell kommen weitere Möwen angeflogen, um an dem Überfluss teilzuhaben.

Aber Sturmmöwen nur als Fischfresser vorzustellen, wäre falsch. Sie suchen mindestens ebenso gern Nahrung an Land: Würmer hinter Erntegeräten des Bauern, Kleingetier auf frisch gemähtem Rasen. Wie mehrere andere Möwenarten praktiziert die Sturmmöwe eine effektive Methode, um an das Innere von Muscheln zu gelangen. Die Vögel können die kräftigen und stabil verschlossenen Schalen dieser Mollusken nicht öffnen. Aber genau wie wir Menschen kompensieren sie ihre physische Unzulänglichkeit mit List. Die Möwe nimmt die Muschel in den Schnabel, fliegt hoch und lässt sie aus zehn oder mehr Meter Höhe auf eine Klippe, einen Steinkai oder etwas anderes Hartes fallen. Die Muschelschale zerbricht, und das Weichtier darin wird freigelegt.

Außerdem hat die Sturmmöwe, genau wie ihre größere Schwesterart, die Silbermöwe, ein gutes Auge für Menschen – oder richtiger für das Potenzial der Menschen als Lieferanten von allerlei Essbarem. Dessen wurde sich Ingela Durakovic bewusst, als sie vor fünf Jahren Olle kennenlernte:

Wir saßen vor unserem Haus, das in Meeresnähe liegt, und grillten, als plötzlich eine Sturmmöwe neben dem Gartentisch landete. Wir glaubten, sie sei krank und verletzt, und versuchten, ihr einen Champignon zu geben. Den schluckte sie direkt. Danach kam sie jedes Jahr wieder. Unsere Nachbarin war sehr verliebt in sie und taufte sie Olle.

Olle taucht oft auf, wenn wir zur Arbeit gehen wollen, dann steht er unter dem überdachten Hauseingang, schaut uns an und will etwas zu fressen haben. Anfangs gaben wir im Fleischbällchen, aber nach einer Weile ließen wir ihn Katzenfutter probieren. Das mag er. Mein Mann und mein Schwiegervater angeln für ihn manchmal auch Rotaugen, aber wir legen nie Futter aus, wenn er nicht da ist.

Seine Frau taucht später in der Saison auf. Sie ist zu Beginn etwas zögerlich, wird aber mit der Zeit mutiger. Sie betteln um Futter, planschen und trinken in unserem Vogelbad oder holen sich Kleingetier auf dem Rasen, sie sind nett und erstaunlich ruhig, rufen nur, wenn andere Möwen unser Grundstück überfliegen.

Im Juli brechen alle Möwen auf – auch Olle. Dann wird es hier ganz still.

ELSTER. Eine unordentliche Frisur mit einem Elsternnest zu vergleichen ist ziemlich boshaft. Nicht zuletzt gegenüber den Elstern. Ihr Nest mag etwas zerzaust aussehen, aber es ist eine sehr bewusst und geschickt zusammengefügte Kreation, die von einem kuppelförmigen Dach aus Zweigen abgedeckt wird, sodass es zum Schluss eine vollendete Kugel darstellt mit einer gut versteckten Öffnung auf der einen Seite. Das Paar hilft sich gegenseitig beim Nestbau: Das Männchen holt sorgfältig ausgewählte Zweige, und das Weibchen fügt sie zusammen. Schon im Dezember können sie daran gehen und gleichsam zur Probe holen und bauen, aber die zielgerichtetere Konstruktionsarbeit kommt im Februar oder März in Gang. Drei Wochen dauert die durchschnittliche Bauzeit für ein Elsternnest, aber zwischen einer und acht Wochen ist alles möglich, abhängig von der Erfahrung, die das Paar hat, und wie groß das Angebot an geeignetem Material ist.

Auf dem Boden der Zweighöhle wird eine Schale aus Lehmboden geformt. Dorthinein legt das Elsterweibchen seine Eier, nachdem es die Schale mit Moos, Gras und anderem weichen Material gepolstert hat.

Alle, die schon einmal in ein Elsternnest geschaut haben, ahnen, dass das Weibchen es darin recht schön hat, luftig und doch gemütlich. Das Elsternnest ist das perfekte Baumhaus. Von so einem träumen alle Kinder, kleine und große, um sich darin zu verstecken und sich vom Wind wiegen zu lassen.

Die Beziehung zwischen Mensch und Elster ist wechselseitig ambivalent. Man könnte sie als Hassliebe bezeichnen.

Seit langer Zeit und überall in ihrem großen Verbreitungsgebiet spielt sie in Mythen, Sagen und Redewendungen eine Rolle. Ob sie ein Unglücksvogel ist oder ein Glücksbringer, hängt allein vom Zusammenhang ab und davon, wo man sich befindet.

Hübsch ist sie zweifellos, auch wenn Joar Tiberg ein »eigentlich« in sein Gedicht über die Elstern einfügt – wieder ein Zeichen der Ambivalenz.

> *Sie ist eigentlich ausgesprochen hübsch. Was man für Schwarz hält, ist in Wirklichkeit ein tiefer, nie endender Schimmer in alle Richtungen: der grünblaue Rücken, der feuerrote Schwanz, ein Flimmern wie Graffiti.*[38]

Der nie endende Schimmer – das ist das Sonnenlicht, das in der Außenstruktur der Federn irisiert. Findet man eine frisch abgeworfene Elsternfeder, kann man lange dastehen und sie hin und her drehen, um den Einfallswinkel des Sonnenlichts zu variieren. Immer ändert die Feder die Farbe. Was auch immer sich ändert, die schwarze Grundfarbe ist die ganze Zeit vorhanden, aber darüber spielen die anderen Farben wie optische Täuschungen.

Die Elster ihrerseits ist ein Kulturfolger, das bedeutet, sie will unsere Nähe und weiß Nutzen aus uns zu ziehen. Gleichzeitig kennt der Mensch sie zu gut, um ihr zu vertrauen. Trotz ihrer Nähe hat sie etwas Wildes und Ungezähmtes an sich, etwas, was man Integrität nennen könnte. »Sie lebt auf ihrer Seite. Auch wenn wir jahrzehntelang Nachbarn waren, kennen wir sie nicht«,[39] schreibt Joar Tiberg.

Oft scheint es, als betrachte die Elster uns genauso intensiv wie wir sie – sogar intensiver! Und es handelt sich zweifellos um einen ungewöhnlich scharfen Vogelintellekt unter der schwarzen Haube. Fünf Elstern an der Goethe-

Universität Frankfurt am Main versetzten vor zehn Jahren die Welt in Erstaunen, als sie bewiesen, dass sie verstanden, dass sie sich selbst im Spiegel betrachteten. Diese Fähigkeit war sonst nur bei bekanntlich hoch entwickelten Säugetieren wie bestimmten Affen, Elefanten und Delfinen festgestellt worden (und bei Menschen ab einem Alter von 18 Monaten).

Der scharfe Verstand steht unter anderem im Zusammenhang mit den flexiblen Ernährungsgewohnheiten. Der Großteil der Tiere, die als besonders schlau angesehen werden, sind Allesfresser, so auch die Elster. Sie lässt sich Frösche, Käfer, Beeren, Regenwürmer, Vogeljunge und Essensreste aller Art schmecken und versteckt gern Futterbrocken für künftigen Bedarf – wenngleich sie die Verstecke meistens innerhalb weniger Tage wieder leert. Die fest verwurzelte Vorstellung, dass Elstern glänzende Metallgegenstände stehlen und sie in ihrem Nest verstecken, wird inzwischen in Zweifel gezogen. Britische Wissenschaftler ließen vor einigen Jahren Elstern zwischen Haufen von Nüssen und Haufen schimmernder Metallgegenstände wählen. In 62 von 64 Fällen wählten die Elstern die Nüsse. In den zwei Fällen, in denen sie einen glänzenden Gegenstand nahmen, ließen sie ihn augenblicklich wieder fallen. Das Gerücht von den räuberischen Elstern scheint also stark übertrieben, zumindest, was Silberlöffel betrifft.

Aber bei Elstern weiß man nie. Anne-Lie Rosenqvist hat gemerkt, dass es Dinge gibt, denen ihr lokales Elsternpaar absolut nicht widerstehen kann:

Ich weiß nicht, ob es das Stearin oder das blinkende Aluminium war, auf das sie aus waren, aber die Elstern in der hohen Weide auf dem Grundstück pflegten die Teelichte zu stehlen, wenn wir in der Vorschule Schneelichter bauten.

Das Elsternpaar nistet nun schon viele Jahre hier. Wir haben versucht, es loszuwerden, indem wir das Nest zerstörten, aber ehe wir uns versahen, hatten sie ein neues gebaut. Die Elstern haben uns besiegt, kann man da sagen.

Jedes Jahr haben sie zwei oder drei Junge. Das Leben der Vogelfamilie läuft über den Köpfen der Kinder ab. Letztes Jahr fanden wir alle Jungen tot im Sandkasten und begruben sie im nahe gelegenen Eichenwäldchen. Dieses Jahr drohte auch ein Drama, als drei Falken einige Runden um die Weide flogen, um das Nest zu attackieren. Die Eltern veranstalteten ein Heidenspektakel, als sie ihre Jungen verteidigten – so wurden wir aufmerksam. Die Falken gaben auf und flogen nach einer Weile weg, dann wurde es ruhig. Später saßen die Jungelstern auf unserem grünen Maschendrahtzaun und wurden von ihren Eltern gefüttert. Alle hatten überlebt.

TRAUERSCHNÄPPER

TRAUERSCHNÄPPER. Die Größe spielt eine Rolle. Das haben Wissenschaftler an der Universität im schwedischen Uppsala festgestellt. Zumindest stimmt das, wenn es um die Größe der weißen Flecken auf der Stirn des Trauerschnäppermännchens geht.

Mithilfe von Tipp-Ex und schwarzer Haarfarbe veränderten die Wissenschaftler Form und Größe der weißen Flecken und beobachteten, wie sich das auf die Attraktivität der Männchen auswirkte. Das Ergebnis war eindeutig: je größer die Flecken, desto anziehender das Männchen. Auf irgendeine Weise fungieren die Flecken als Signal, das dem Weibchen von der Qualität des Männchens als Partner erzählt; dass es stark und gesund ist und Erbmasse guter Qualität liefern kann.

So war es jedenfalls vor ein paar Jahrzehnten. Möglicherweise haben die Weibchen ihren Geschmack geändert. Das haben nach einer aktuellen Studie nämlich die Weibchen der fast identischen Art Halsbandschnäpper getan. Irgendetwas – möglicherweise das wärmere Klima – hat deren Präferenzen beeinflusst, sodass sie nun Männchen mit kleinen Stirnflecken zu bevorzugen scheinen.

Wie immer es um die Größe der Stirnflecken bestellt sein mag, diese Forschungsergebnisse erinnern daran, dass Trauerschnäpper und andere Fliegenschnäpper zu den Lieblingsvögeln der Evolutionsbiologen gehören. Das hat auf das Bild, das wir Menschen von diesem Vogel haben, abgefärbt: Selten liest man etwas über den Trauerschnäpper, ohne dass darüber diskutiert wird, warum der eine Partner dies und der andere das tut, um für sich den größten Fortpflanzungserfolg zu garantieren.

Dabei ist das Verhältnis der Geschlechter beim Trauerschnäpper nicht besonders außergewöhnlich. Die Art wurde nur besonders intensiv untersucht.

Alles begann 1979 in Uppsala, als die Wissenschaftler den Schreiner der Universität baten, 400 Nistkästen in einer für Trauerschnäpper passenden Größe zu bauen. Dass die Wahl ausgerechnet auf diesen Vertreter der Familie der Fliegenschnäpper fiel, beruht darauf, dass Arten, die gern in Nistkästen brüten, verhältnismäßig leicht zu fangen, zu markieren, zu untersuchen und in Experimenten einzusetzen sind.

Es zeigte sich, dass Polygamie bei Trauerschnäppermännchen eher die Regel als die Ausnahme darstellt. Ist das Revier im Frühjahr abgesteckt und hat ein Weibchen einen der angebotenen Neststandorte akzeptiert, zieht das Männchen oft in ein neues Revier weiter, das wenige Hundert Meter, aber auch mehrere Kilometer entfernt liegen kann. Hat es Glück, ersingt es sich auch dort die Gunst eines Weibchens und paart sich mit diesem. Danach kehrt es im Allgemeinen zum ersten Weibchen zurück und zieht mit diesem zusammen die Jungenschar auf. Weniger oft erfährt Weibchen Nummer zwei Unterstützung dabei, das Überleben seiner Jungen zu sichern.

Die Triebkraft hinter diesem Verhalten ist evolutionsbiologisch begründbar. Die Entwicklung folgt dem Weg, der dem Männchen den größtmöglichen Fortpflanzungserfolg ermöglicht. Ein polygames Männchen bekommt im Durchschnitt 8,05 flügge Junge pro Saison, ein monogames 5,49.

Aber es gibt Faktoren, die die Rechnung komplizieren. Es hat sich nämlich gezeigt, dass sich Trauerschnäpperweibchen oft heimlich mit revierfremden Männchen paaren. Das bedeutet, dass ein Männchen möglicherweise Junge mitfüttert, die nicht seine eigenen sind. In so einem Fall verändert sich natürlich die Gleichung, und sein Fortpflanzungserfolg nimmt ab. Aber das Weibchen profitiert vielleicht von der Affäre. Insbesondere, wenn Männchen Nummer zwei genetisch gesehen die bessere Partie ist.

Der Trauerschnäpper mag ein Symbol dafür sein, dass jeder sich am nächsten ist, wenn es um den Fortpflanzungserfolg geht. Aber gleichzeitig repräsentiert die Art noch etwas ganz anderes. Für viele Menschen, sicher auch für Evolutionsbiologen, gehört ihr Erscheinen zu den allerwichtigsten und am intensivsten erlebten Frühlingszeichen. Wenn das Trauerschnäppermännchen bei uns eintrifft, dann, wenn die Bäume ausschlagen, und immer einige Wochen vor dem Weibchen, nimmt die Intensität der Frühlingsgefühle bei vielen von uns deutlich zu. Wie es sein Paarverhältnis ordnet, ist uns dabei egal.

Die Vorliebe der Art für Nistkästen ist nicht nur für die Forscher nützlich, sondern führt auch dazu, dass jeder Gartenbesitzer gute Chancen hat, diesen Frühjahrsboten als Nachbarn zu bekommen.

Und wenn man wie Gunilla Teckenberg einen großen Garten mit 70 Nistkästen hat, dann ist es nicht nur ein Trauerschnäpperpaar, sondern vier bis fünf pro Jahr:

Die kleinen Kerlchen sind nicht nur hübsch, sie sind auch äußerst tough. Das müssen sie sein, denn wenn sie in den Garten kommen, sind viele Nistkästen bereits besetzt. Manchmal halten wir ein paar zurück und hängen sie erst unmittelbar vor Ankunft der Trauerschnäpper auf. In der Paarungszeit gilt es, die Stimme deutlich zu er-

heben, um das hübscheste Weibchen zu gewinnen. Dann herrscht unwahrscheinliches Gezwitscher, und unter den Fliegenschnäppern herrscht immer harte Konkurrenz. Es kommt vor, dass Trauerschnäpper sich um einen bestimmten Nistkasten streiten, auch wenn es anderswo noch einen freien Platz gibt.

Ich habe eine gefühlsmäßige Bindung zu allem Leben um mich herum und schwärme für jedes kleine Individuum. Der Trauerschnäpper ist nicht größer als meine Handfläche, aber fliegt jedes Jahr den ganzen Weg von Afrika hierher und landet am 1. Mai in meinem Garten. Das flößt mir Respekt ein, der Vogel berührt mich tief. Ich frage mich, ob Klimaveränderungen, fortschreitende Wüstenbildung und andere Umweltprobleme den weit ziehenden Fliegenschnäpper beeinflussen werden. Wie wird es für diesen kleinen Vogel in Zukunft weitergehen? Darüber denke ich nach.

GARTENROTSCHWANZ

GARTENROTSCHWANZ. Man könnte meinen, dass ein Vogel *entweder* eine eher südliche Art ist, die Laubwälder, dicht belaubte Parks und Gärten mag, *oder* eine nördliche Nadelwaldart. Aber der Gartenrotschwanz ist faktisch beides gleichzeitig. In Mitteleuropa besiedelt er primär lichte Laubwälder mit altem Baumbestand, in Nordskandinavien ist er ein typischer Brutvogel ebenso lichter alter Kiefernwälder.

Aber wo auch immer er vorkommt, liegt etwas schwer Fassbares, Flüchtiges über dem Gartenrotschwanz. Trauerschnäpper, Stare und Kohlmeisen sind vielen Gartenbesitzern bekannt, aber diese präsentieren sich ganz anders als der Gartenrotschwanz, der sich nur selten zeigt. Wenige Sekunden sitzt er auf einem Ast, zittert dabei charakteristisch mit dem ziegelroten Schwanz, und schon ist er wieder weg. Dennoch hinterlässt er einen starken Eindruck: »[...] der rote Schwanz leuchtet mehr als sonst, da fliegt er weg, das ist wie ein kleines Feuerwerk, das einen Augenblick auf der Netzhaut nachklingt, nachdem er verschwunden ist!«,[40] schrieb Erik Rosenberg in seinem Klassiker *Fåglar i Sverige* (Vögel in Schweden).

Auch wenn viele Menschen am Gartenrotschwanz vorbeigehen, widmet ihm der Kuckuck umso mehr Aufmerksamkeit. Der notorische Brutparasit – der Eier in die Nester anderer legt und Surrogateltern die Verantwortung für die Aufzucht seiner Jungen überlässt – hat in Europa regional unterschiedliche Präferenzen. In Skandinavien ist der Gartenrotschwanz ein beliebter Wirtsvogel, in Finnland scheint die Art besonders betroffen. Die Eier der Kuckucksweibchen, die sich auf den Gartenrotschwanz spezialisiert haben, sind meistens leuchtend blau – wie die Gartenrotschwanzeier.

(Andererseits gibt es Kuckucke, die auf weißem Grund fein gesprenkelte Eier in die Nester von Bachstelzen legen, und andere, die blaugrüne Eier mit großen Flecken zur Ablage in Drosselrohrsängernestern produzieren, alles, um den Täuschungserfolg zu maximieren.)

Finnische Wissenschaftler haben gezeigt, dass ungefähr ein Drittel aller Gartenrotschwanznester von Eier legenden Kuckucksweibchen Besuch bekommt. Aber das bedeutet nicht, dass die Sache für die eigenen Nachkommen des Gartenrotschwanzes deshalb schon gelaufen ist. Gartenrotschwänze brüten im Unterschied zu den meisten anderen Wirtsvögeln des Kuckucks in Baumhöhlen und Ähnlichem. Das stellt das Kuckucksweibchen hinsichtlich ihrer Treffsicherheit der Eiablage vor Probleme. Viele Male landet das Kuckucksei auf dem Nestrand, mitunter auch auf dem Boden unter dem Nest. Aber gelingt es ihm, richtig zu treffen und sein blaues Ei zwischen den blauen Eiern des Gartenrotschwanzpaars zu platzieren, wird dieses fast ausnahmslos akzeptiert. Die Mühe lohnt sich also.

Und wir anderen, die wir nicht das scharfe Auge der Kuckucksweibchen für den Gartenrotschwanz haben, was sollen wir tun? Den Hörsinn nutzen! Der beste Weg zu einer engen Verbindung mit dem Gartenrotschwanz geht über die Ohren, was sowohl darauf beruht, dass man den Vogel deutlich öfter hört, als man ihn sieht, als auch darauf, dass der Gesang etwas ganz Besonderes ist – möglicherweise der am meisten unterschätzte in unserer Vogelwelt. Die Strophen sind einfach, etwas wehmütig und durch vergleichsweise lange Kunstpausen voneinander getrennt. Der Effekt wird dadurch verstärkt, dass der Gesang oft von einer höher gelegenen Warte aus vorgetragen wird, sodass sich der Schall verteilt. Außerdem erklingt er schon früh am Morgen, nicht selten bereits in den letzten Nachtstunden.

Für Cecilia Lundin im nordschwedischen Jokkmokk symbolisiert der Gesang des Gartenrotschwanzes vor allem die Freiheit, nach einem langen Winter auf schneefreiem Boden wandern zu können:

Bevor die Touristensaison, um den 20. Mai herum, beginnt, wenn oft noch Schnee in den Bachtälern liegt, pflegen ein Freund und ich zum Muddusfall zu wandern. Da sitzen wir dann und hören dem Gartenrotschwanz zu. Für mich ist es ein richtiger Waldvogel.

Meine intensivste Erinnerung an den Gartenrotschwanz verbinde ich mit meiner Holzhütte außerhalb von Jokkmokk. Dort habe ich mehrere schöne Nistkästen aufgehängt, aber der Gartenrotschwanz pflegt den schlechtesten und ungepflegtesten Kasten zwei Meter vom Haus entfernt zu wählen. An jenem Tag war das Wetter strahlend schön, einer der ersten warmen Sommertage. Ein Freund war zu Besuch und wir saßen lange draußen unter dem Vordach und schauten einem Gartenrotschwanzweibchen dabei zu, wie es seine Jungen fütterte. Das Traurige war, dass zwei Wochen später ein Trauerschnäpper kam und die Rotschwanzfamilie rauswarf. Aber das wussten wir da noch nicht. Das Gartenrotschwanzweibchen war so schön, an einem Nistkasten sieht man den roten Schwanz deutlich, die Begegnung war sehr nah.

GIMPEL. »Goldne Abendsonne« und »Ein Jäger aus Kurpfalz« sind zwei bekannte Volkslieder. Was ist daran Besonderes? Nun, der Künstler der Aufnahme, die auf einer vom Tonarchiv der britischen Nationalbibliothek herausgegebenen CD zu hören ist, ist ein zahmer Gimpel. Der Vogel war von einem Herrn Chr. Grösch von Trätzhof aus Hessen trainiert worden, und die Einspielung erfolgte 1968.

Die wirkliche Blütezeit der melodiepfeifenden Gimpel oder Dompfaffe, wie sie auch genannt werden, war jedoch im 19. Jahrhundert. Dass die am besten trainierten aus Deutschland kamen, war allgemein bekannt, und das Zentrum dafür war Hessen. Kleine Jungen holten Gimpeljunge aus deren Nest, als diese etwa zehn Tage alt waren. Die Vogeljungen wurden gehegt und gepflegt, um sie zahm und gefügig zu machen, und nach kurzer Zeit begann die Ausbildung, die darin bestand, den Vögeln eine ausgewählte Melodie wieder und wieder vorzuspielen, morgens, mittags und abends, vorzugsweise, wenn sie gefüttert wurden.

In den größeren Betrieben wurden die Gimpel oft in Klassen von je sechs Tieren gehalten. Sobald sie begannen Fortschritte zu machen, erhielten sie Einzelunterricht von kleinen Jungen, die die Aufgabe hatten, ihnen dasselbe Liedchen immer und immer wieder auf einer Vogelorgel oder einem Flageolett vorzuspielen.

Viele trainierte Gimpel wurden unter anderem nach England, Holland und in die USA verkauft, dort waren dann Melodien wie »God Save the Queen« und »Yankee Doodle Dandy« gefragt. Ein einziger Verkäufer, ein Herr Thiem aus Waltershausen in Thüringen, lieferte jährlich zwischen 100 und 200 ausgebildete Gimpel nach London und Berlin. Die Vögel waren sehr beliebt, besonders bei den Damen. Nicht genug, dass der Gimpel ruhig und leicht zu trainieren ist, er ist auch »ein sehr hübscher Vogel, obwohl er für seine Länge etwas dick ist«, wie es in *The friendship of birds* aus dem Jahr 1877 heißt.

Heute müssen Gimpel nicht mehr in Käfigen sitzen und auf Kommando Lieder singen. In unserem Kulturkreis hat die Art vielerorts eine ganz andere Rolle bekommen: als Weihnachtssymbol. Dies wird durch eine gewisse »Persönlichkeitsveränderung« möglich, die sie durchmachen, wenn die Zeit der Dunkelheit und der Kälte naht. Die Scheu, die Gimpel während der Brutzeit zeigen, ist plötzlich wie weggeblasen. Sie tauchen in den Gärten auf und kommen an das Futterhaus und uns ganz nahe. Besonders schön anzusehen sind sie, wenn Schnee liegt. Der schwedische Maler Lars Jonsson hat gesagt, ein Gimpel ohne Schnee sei wie ein Wichtel im Trainingsanzug,[41] nichts Richtiges also.

Es ist meist das Männchen, das die meiste Aufmerksamkeit auf sich zieht, aber auch das Weibchen ist eine nähere Betrachtung wert. Die Farben ihres Federkleids erinnern an hochklassiges Design. Es sieht immens teuer aus. Jonsson, der nicht nur ein Meister darin ist, die Details eines Vogelgefieders mit dem Pinsel einzufangen, sondern auch in Worte zu fassen, schwärmt für die gedämpften Farben des Weibchens:

»Das pastellfarbene Beigebraun der Unterseite lässt mich an eine Farbpalette mit warmbraunen Lippenstift- oder Lidschattentönen denken. Vielleicht meine ich auch Rouge?«[42]

Bei einer Volksabstimmung über die Attraktivität der Gimpel würde das Männchen natürlich deutlich gewinnen. Anna Berg ist eine von vielen, die sich von der intensiven roten Farbe auf der Brust des Männchens begeistert zeigt:

Ich freue mich immer, wenn ich einen Gimpel sehe, die robuste Körperform und das pompöse Image sprechen mich an. Der Vogel hat mich als Maskottchen durchs Leben begleitet. Als ich auf einer Auktionsseite vor einigen Jahren nach Weihnachtsschmuck suchte, fiel mein Blick auf einen großen Wandteppich mit schön gestickten Gimpeln. »Den will ich haben!«, dachte ich. Ich musste einige Hundert Kronen plus Porto dafür bezahlen. Das ist unglaublich preiswert, wenn man daran denkt, wie viel Arbeit dahintersteckt, es ist feine Handarbeit.

Die Liebe zu Kleinvögeln verdankt unsere Familie meiner Großmutter, die sehr für sie schwärmte. Diese Liebe übertrug sich auf mehrere Generationen: meine Mutter, meine Geschwister und meine Tochter – alle lieben Kleinvögel. Meine Großmutter stickte auch viel, so erinnert mich der Wandteppich in mehrerlei Hinsicht an sie. Er spricht zu meinem Herzen.

SEIDENSCHWANZ

SEIDENSCHWANZ. So zurückgezogen sie im Sommerhalbjahr leben – wenn sie in abgelegenen nördlichen Nadelmischwäldern auf Fliegenschnäpperweise akrobatisch Insekten für ihre Jungen fangen –, so auffällig sind sie, wenn sie im Herbst in riesigen Trupps in südliche Richtung ziehen und dabei in manchen Wintern auch Mitteleuropa erreichen.

Es beginnt normalerweise damit, dass man von irgendwo oben ein »*Sirrrr*« hört, wie ein klingelnder Schlüsselbund. Wer einmal gelernt hat, dass dieses feine Läuten »Seidenschwanz« bedeutet, hält schnell nach ihrer charakteristischen Silhouette in den Baumkronen Ausschau oder nach einem vorbeifliegenden Trupp am Himmel, der stark an Stare erinnert.

Man will sie ja sehen. Man will spüren, wie die Freude über den Seidenschwanz den Körper erfüllt. Sieht man sie aus der Nähe, fällt es manchmal schwer, ein Lachen zu unterdrücken: Die Kombination aus aufgeworfenem Schnabel, stark geschminkten Augen und großer Scheitelhaube lässt sie aussehen, als hätten sie ihre Kappen verkehrt herum aufgesetzt oder ihre Haare nicht bändigen können.

Von nicht ganz frischen Beeren und Früchten zu leben, wie es der Seidenschwanz im Herbst und Winter tut, beinhaltet, dass man sich dem Risiko aussetzt, sich zu berauschen, da der Zuckergehalt die Tendenz hat, sich in Alkohol zu verwandeln.

Aber die Wege der Evolution sind zweckgerichtet. Als sich die Art auf den Fruchtfresserweg begab, hat sie parallel eine ungewöhnlich große Leber entwickelt (sie kann fast ein Zehntel des Körpergewichts ausmachen) und hat so eine verbesserte Fähigkeit, Alkohol abzubauen.

Trotzdem kann es gelegentlich zu viel des Guten werden. Schwedische Medien konnten im Spätherbst 2011 berichten, dass die Polizei in Västerås von einer Privatperson wegen eines Vogels kontaktiert wurde, der sich verdächtig benahm. Der Augenzeuge glaubte, es sei ein flugunfähiger Nymphensittich, woraufhin die Polizei ihn an ein Zoogeschäft verwies. Dort stellte man fest, dass es sich um einen betrunkenen Seidenschwanz handelte. Nach seiner Ausnüchterung konnte er freigelassen werden.

So etwas kann natürlich auch anderswo passieren. Das Magazin *National Geographic* berichtete über einen ähnlichen Fall im Yukon Territorium in Kanada, wo etliche Seidenschwänze in der regionalen Tierklinik in Ausnüchterungszellen (modifizierte Hamsterkäfige) gesetzt werden mussten, nachdem sie in alkoholhaltigen Vogelbeeren geschwelgt hatten.

Die Seidenschwänze gehören zu den ausgeprägtesten sogenannten Invasionsziehern. Sie pendeln nicht wie andere Zugvögel zu einem bestimmten Winterquartier und wieder zurück. Ihre Bewegungen sind deutlich unregelmäßiger und schwer voraussagbar. In manchen Jahren gibt es beispielsweise in Südschweden im Herbst keine Seidenschwänze, in anderen Jahren sind sie zu dieser Jahreszeit überall. In manchen Jahren dauert die Invasion ein oder zwei Tage, in anderen Wochen. Alles wird von dem Angebot an Beeren und Früchten gesteuert: Vogelbeeren, Oxelbeeren, Wacholderbeeren, Äpfel und so weiter. Sie fressen sich nach Süden. Ist das Nahrungsangebot gut, geht es langsam, ist es schlecht, geht es schnell. In manchen Jahren reichen die Streifzüge sehr weit. So wurde ein Seidenschwanz, der im Oktober in der südschwedischen Provinz Schonen beringt worden war, später in demselben Winter in Griechenland wiedergefunden. Alles hängt von der Verfügbarkeit von Futter ab. Das hat Bee Thalin, Fotograf mit einer Vorliebe dafür, die Vögel aus der Nähe einzufangen, aus eigener Erfahrung feststellen können:

Ich hatte sie vier Jahre lang nicht gesehen, als ein Bekannter aus dem Vogelklub mich anrief und sagte, dass ein paar Kilometer entfernt in einem Baum Seidenschwänze säßen. Da legte ich sofort Äpfel und Vogelbeeren an meiner Vogelfutterstelle aus. Die Beeren hatte ich im vergangenen Herbst gepflückt und eingefroren. Innerhalb einer Stunde kamen die Seidenschwänze. Ich sah im Augenwinkel, wie die ersten am Fenster vorbeiflogen, und dann kam ein großer Trupp. Ich schnappte mir die Kamera.

Ich bin bis auf einen halben Meter an sie herangekommen. Sie erkennen mich wieder, wir hatten einander kennengelernt. Ich kann beliebig lange dasitzen und Seidenschwänze und andere Vögel beobachten und fotografieren. Das beruhigt, wie Meditation.

Seidenschwänze sind hübsch und haben den Schalk im Nacken, sie sind äußerst amüsant. Ich mag ihren Charakter; sie wirken launisch und legen sich untereinander an und streiten, aber sie sind trotzdem gerecht. Wenn sie im Baum sitzen, plaudern sie sehr viel, gurgeln, singen, trällern und kommunizieren.

Aber dann kommt ein Habicht vorbei, und »PENG!« sind alle Seidenschwänze fort.

SPERBER. Welch ein Glück, keine Meise zu sein, denkt man unwillkürlich, wenn man die Augen des Sperbers sieht. Beim Anblick der leuchtend gelben Iris kann man fast den Schrecken der Kleinvögel spüren. So sieht der Tod aus für Kohlmeise und Buchfink.

Glücklicherweise ist man Mensch und kann sich ohne Angst über die Intensität im Blick des Sperbers wundern.

Die größte Chance, diese Augen zu sehen, wenigstens wenige Sekunden lang, hat derjenige, der vor dem Fenster eine Vogelfutterstelle hat – Vogelfutterstelle im doppelten Sinne: Wer Kleinvögel füttert, veranstaltet ja gleichzeitig ein Buffet für Sperber. Diesem verbreiteten Greifvogel macht es nichts aus, zwischen Gebäuden zu jagen, und er hat den ungestörten Überblick über die Ansammlungen von Kleinvögeln, die wir ihm servieren.

Seine Taktik ist, aus der Entfernung Ausschau zu halten und sich dann in rasantem Flug auf seine Beute zu stürzen. Der Sperber plant seinen Angriff so, dass er durch Bäume oder Gebäude verdeckt ist, bis er die letzte Ecke umrundet oder den letzten Dachfirst überfliegt.

Sobald er zu sehen ist, wird gewarnt. Plötzlich sprechen alle Kleinvögel dieselbe Sprache. Die scharfen Warnlaute werden über die Artgrenzen hinweg verstanden. Wenn eine Meise »Sperber!« ruft, weiß der Sperling, was gemeint ist, und flieht um sein Leben.

Das Sperbermännchen ist zumeist auf Meisen, Sperlinge und andere Kleintiere aus, das Weibchen wählt hingegen Amseln und mitunter auch Tauben. Der Unterschied in der Beutewahl beruht darauf, dass das Weibchen größer ist als sein Partner.

Wir tappen leicht in die Falle, große Männchen und kleine Weibchen als Normalfall anzusehen, weil das bei uns Menschen so ist, aber unter Greifvögeln ist das Gegenteil normal. Das gilt besonders für den Sperber und andere Greifvögel, die davon leben, schnelle und wendige Kleinvögel zu jagen. Das Sperberweibchen kann fast doppelt so schwer sein wie das Sperbermännchen. Bei Arten, die Mäuse und Wühlmäuse jagen, ist der Unterschied viel kleiner.

Da die meisten von uns die Vogelfütterung einstellen, wenn der Winter vorbei ist, werden die Sperberbeobachtungen im Frühjahr seltener. Doch für die Kleinvögel ist der Sperber immer noch das Grauen ihres Daseins. Gerade dann, wenn ihre Jungen das Nest zu verlassen beginnen und sich mit ungeübten Flügeln in die Welt begeben, ist die Gefahr am größten. Die Brutzeit des Sperbers ist nämlich mit der von Kleinvögeln synchronisiert, sodass es so viel leicht zu fangendes Futter wie möglich gibt, wenn die Sperberjungen es am meisten benötigen. Zwischen sechs und 13 Kilo Beute sind erforderlich, um die Sperberbrut aufzuziehen. Das Männchen muss folglich pro Tag ungefähr zehn Kleinvögel für das Weibchen und die Jungen fangen.

Das klingt grausam? In Wirklichkeit ist es nicht befremdlicher als die Tatsache, dass die Schwalben im Sommer brüten, wenn es die meisten Insekten für die Jungen gibt, oder dass Kreuzschnäbel im Spätwinter brüten, wenn die Verfügbarkeit von Tannen- und Kiefernsamen am größten ist.

Die Sperber sollen schließlich auch leben, wie es Helena Heymann angesichts eines Sperberweibchens, das sich auf ihrem Hof an einer Felsentaube gütlich tat, ausdrückte. Das ist bei Weitem nicht die einzige Begegnung mit Sperbern, die sie erlebte:

An einem windigen und kalten Februarmorgen stand ich in meiner wärmsten Jacke mit pelzbesetzter Kapuze auf der Dachterrasse. Ich war hinaufgegangen, um meinen Frühstückstee zu trinken und Vögel zu beobachten. Auf dem Dach des Nachbarhauses saß ein Sperber, der in meine Richtung zu blicken schien. Er kam näher, so nahe, dass ich die starrenden gelben Augen sehen konnte. Im nächsten Augenblick erhob sich der Vogel und flog direkt auf mein Gesicht zu. Ich warf mich auf die Seite, um der Attacke zu entgehen, und der Sperber machte einen Schwenker hinaus über die Stora Södergatan und verschwand über dem Dach der Domkirche. Ich vermute, er hielt den Pelzkragen an der Jacke für eine Beute. Wenn das kein Nahkontakt war!

Ein anderes Mal fuhr ich langsam auf einem schlaglochübersäten Waldweg entlang, als ich plötzlich Wasser aus einer tiefen Fahrspur spritzen sah. Ein badendes Huhn, dachte ich zuerst, aber dann sah ich die leuchtend gelben langen und dünnen Beine. Es war ein badender Sperber! Der Blick war weich, er sah verzückt aus. Nach einer Weile war der Vogel tropfnass und bot einen elenden Anblick. Ich dachte, er sei vielleicht krank, aber dann erhob er sich und flog direkt in den Wipfel einer Birke und saß dort und trocknete in der Morgensonne.

STIEGLITZ. Er hat sein ganz eigenes kulturelles Biotop in Bildern der Madonna mit Kind, die aus dem Mittelalter und der Renaissance stammen. Dort, gern auf einem Finger der Madonna oder in der Hand des kleinen Jesuskinds, sitzt auffallend oft ein Stieglitz oder Distelfink, wie er auch genannt wird.

Heute wirkt das ziemlich merkwürdig – warum gerade ein Stieglitz? –, aber zu jener Zeit war die Art ein wohlbekanntes Symbol für Seele und Opfer, Tod und Wiederauferstehung. Ein kulturell interessierter Ornithologe zählte einmal alle bekannten Werke, die auf diese Weise allegorische Stieglitze enthalten, und kam auf 500.

Das bekannteste alle Stieglitzbilder ist jedoch keine religiöse Malerei aus der Renaissance, sondern stammt aus dem 17. Jahrhundert von dem Holländer Carel Fabritius. Das Gemälde ist klein und schlicht: Es stellt einen Stieglitz dar, der auf einem kleinen, an der Wand hängenden Deckelkasten sitzt, gefesselt mit einer dünnen Metallkette.

Im selben Jahr, indem das Stieglitzbild gemalt wurde – 1654 –, starb Fabritius im Alter von erst 32 Jahren, bei einer gigantischen Explosion in einer Schießpulverfabrik in der Nähe seines Hauses. Nur ein Dutzend seiner Bilder wurden für die Nachwelt bewahrt, er selbst geriet in Vergessenheit. 200 Jahre später wurde der Künstler wiederentdeckt und als einer der großen niederländischen Maler nach Rembrandt und Vermeer anerkannt. Das meisterliche Stieglitzporträt erlangte 2013 als zentrales Element in Donna Tartts Roman *Der Distelfink*, der mit dem Pulitzerpreis ausgezeichnet wurde, Weltruhm.

Möchte man das Gemälde in natura sehen, muss man sich in das Museum Mauritshus im niederländischen Den Haag begeben – aber man sollte im

Vorfeld eruieren, ob es nicht als Publikumsmagnet an eines der großen Kunstmuseen der Welt verliehen ist.

Den frei lebenden Stieglitz selbst findet man in lichten Laubwäldern und Gärten in der Nähe offener landwirtschaftlicher Nutzflächen.

Wenn man das erste Mal das Glück hat, einen Vertreter dieser Art aus der Nähe zu sehen, sodass man die Farben wirklich erkennen kann, könnte man den Stieglitz leicht für einen ausgerissenen Käfigvogel halten. Da ist etwas an dem leuchtenden Gelb und dem tiefen Rot, das für unsere Breitengrade ein bisschen zu tropisch wirkt. Auch wenn es stimmt, dass man – so wie auf Fabritius' Gemälde – früher gelegentlich Stieglitze wegen ihres Aussehens und ihres lebhaften Gesangs in Gefangenschaft hielt: Der Stieglitz befindet sich ausschließlich aus eigener Kraft und eigenem Willen da draußen und ist keineswegs flüchtig.

Das Lieblingsfutter dieser Vögel sind Samen von Disteln – daher der Name Distelfink – und Kletten. Im Herbst sind Bahndämme, Straßenränder, Abrissgrundstücke und andere steinige Orte, an denen diese stacheligen Pflanzen fruchten, ausgezeichnete Plätze für das Beobachten von Stieglitzen. Die Samen mögen in den bestachelten Blütenkörbchen besonders gut geschützt sein, aber die Evolution hat im Gegenzug dafür gesorgt, dass der Stieglitzschnabel für einen Finkenvogel ungewöhnlich schmal und pinzettenspitz ist.

Ansonsten ist der Winter natürlich die beste Zeit, um Stieglitze zu erspähen, denn obwohl ein Teil in den kältesten Monaten nach Westen zieht, bleiben viele Individuen hier und besuchen äußerst gern Futterstellen.

Vermutlich war es die Suche nach Körnerfutter, die den Stieglitz vor einigen Jahren zu Erika Wålander nach Hause führte.

Das war das einzige Mal, dass ich in freier Natur einen Stieglitz gesehen habe. Er saß oben in einem Busch hinter unserem Haus, nur fünf Meter vom Fenster entfernt. »Ein Stieglitz!«, rief ich. »Klara! Klara!« Ich hob unsere knapp zweijährige Tochter hoch, und so standen wir da und schauten. »Glitz! Glitz!«, sagte sie. Ich wollte die Kamera holen, aber sie wollte dableiben. Der Stieglitz saß einige Minuten da, dann flog er weg und kam nicht wieder zurück. Den ganzen Vormittag sprach Klara über den »Glitz«. Nun kennt sie sechs Vogelarten: Elster, Meise (Blaumeise), Hahn, San (Fasan), Zeisig (Erlenzeisig) und Glitz.

Nächsten Winter füttern wir wieder Vögel. Und ich werde mich erkundigen, was der Stieglitz am liebsten frisst.

KRICKENTE

WACHOLDERDROSSEL

VÖGELN NAHE KOMMEN

Weiches Morgenlicht und frischer Ostwind umgeben den Leuchtturm an der Südspitze der Insel Öland, als der Fotograf Roine Magnusson sein Auto an einem frühen Maimorgen an der Vogelberingungsstation in Ottenby abstellt. Es ist kurz vor vier Uhr. Magnusson nimmt einen letzten Schluck Kaffee, bevor er seinen großen Rollkoffer mit der Kameraausrüstung packt und in die Station zieht, wo er in einem winzigen Raum hinter dem Beringerlabor ein temporäres Fotostudio aufgebaut hat. Vor Ort befinden sich bereits zwei weiche weiße Boxen aus Stoff von unterschiedlicher Größe. Außer diesen sogenannten Lichtzelten benötigt er Kamera, Reflektorschirm und verschiedene Blitzgeräte. Vogeldaunen tanzen wie Flusen in der Ecke.

Die Vorbereitungen sind Routine, denn Roine Magnusson arbeitet bereits den vierten Monat als ambulanter Vogelporträtfotograf. Die Beringungsstation auf Hammarö im Värmland und Nidingen in Halland hat er auch besucht, ebenso einige Wildgatter. Nun – nach Tausenden von Aufnahmen – nähert sich das Vogelprojekt seinem Ende.

Die Zusammenarbeit mit Beringungsstationen zu suchen war selbstverständlich. Magnusson war selbst in seiner Jugend ein begeisterter Vogelbeobachter und hat zeitweise sowohl in Ottenby als auch am Kvismaren, einem See in der Nähe von Örebro, Vögel beringt. Der absolute Nahkontakt mit Vögeln ist ihm vertraut. Das ist beim Beringen eine Notwendigkeit, aber auch beim Fotografieren der Vögel, bei der Art und Weise, für die er sich hier entschieden hat.

Als Roine Magnusson und die Beringer sich zur ersten Runde des Tages zu den Japannetzen und Reusen (sogenannten Helgoland-Fallen) aufmachen, zieht ein großer Trupp Weißwangengänse hoch am Himmel vorbei. Sie sind auf dem Weg nach Norden in ihre Brutgebiete. Die wenigen Kleinvögel, die an diesem Morgen in die Fallen gegangen sind, werden vorsichtig herausgenommen und in dunkle Stoffbeutel gelegt, wo sie sich schnell beruhigen. Im Beringungslabor werden sie einer nach dem anderen aus den Stoffbeuteln befreit, erhalten einen Ring um ein Bein und werden gemäß der Regeln, die für alle Beringungsstationen europaweit gelten, gewogen und gefüttert. Danach werden sie freigelassen, sofern sie nicht als Fotomodelle dienen sollen.

Roine Magnusson bekommt einen Beutel mit einem Rotkehlchen und nimmt ihn mit in das winzige, fast völlig abgedunkelte Fotostudio. Er setzt sich auf einen Hocker, platziert den Vogel behutsam in das Lichtzelt und hängt ein Tuch über die runde Öffnung, sodass so wenig Licht wie möglich hineinkommt. Einige schnelle Flügelschläge, dann Stille. Magnusson hat nur gerade so viel Licht im Raum, dass er an der Kamera die Schärfe einstellen kann. Es blitzt ein paarmal, er verändert rasch die Einstellung an der Kamera, weitere Blitze.

Die Fotografiertechnik, die Magnusson bei den Vogelporträts anwendet, ist erprobt, um für die Vögel so schonend wie möglich zu sein. Alles muss schnell gehen, er hat nur wenige Minuten für jeden einzelnen Vogel. Dann lässt er ihn wieder frei.

Zuerst hatte er versucht, die Vögel draußen in den Freilassboxen zu fotografieren, aber dort flatterten sie aufgeregt herum. Vielleicht war es einfach zu hell in den Behältnissen, deshalb kleidete er sie innen mit einem Verdunklungsstoff aus. Der erste Vogel, der in die Dunkelheit entlassen wurde – eine Blaumeise an der Beringungsstation in Hämmarö – verhielt sich ganz ruhig. Magnusson nahm ein paar Bilder auf. Das Federkleid, der Blick, alles.

»Eine solche Schönheit!«, sagt er. »Wie ein Smaragd. *Da* spürte ich, dass das funktionieren würde.«

Es zeigte sich, dass es nicht nur die Juwelen unter den Vögeln waren, die im Leuchtzelt zu ihrem Recht kamen. Schauen wir zum Beispiel das Gimpelweibchen (Seite 232) in seiner diskreten, aber raffinierten Farbvielfalt an und den Haussperling (Seite 151) mit seinen überraschend vielen Nuancen von Braun und Grau im Federkleid. (Die Haussperlinge zeigten auch ein besonderes Talent, wenn es darum ging, aus der Box zu entwischen.)

Aber es musste mehr stimmen als die Technik. Es galt, unter den Vogelindividuen jene zu finden, die in der neuen Situation in den Freilassboxen am entspanntesten waren. Ein ruhiger Vogel verhält sich wie üblich. Das ist eine wichtige Voraussetzung, wenn man sowohl die Persönlichkeit jedes Individuums widerspiegeln als auch dem Charakter der Art gerecht werden möchte. Die Vögel, die beunruhigt wirkten oder nur mit dem Rücken zur Kamera saßen, ohne sich zu bewegen, entließ Magnusson direkt in die Freiheit.

»Aber die meisten posierten tatsächlich ganz ruhig«, berichtet er.

Das Blaukehlchen präsentierte seine Brust, der Gartenrotschwanz warf sich in Pose. Die Watvögel schienen für das Modellstehen besonders gut geeignet: Sie putzten sich und schlenderten in der Box umher, als wollten sie diese untersuchen. Wie der schwarz-weiße Säbelschnäbler mit seinem dünnen aufwärts gebogenen Schnabel. Das war Magnussons »unmöglich« zu realisierende Wunschart, als das Projekt begann. Er sah das Bild vor sich: wie ein chinesisches Kunstwerk, mit schwarzer Tusche auf dünnem weißem Papier. Aber er wusste ja, dass es hoffnungslos schwierig sein würde, ihn zu fassen zu bekommen.

Daher war er an dem Tag völlig unvorbereitet, als die Beringer von Ottenby ihn eine gute Stunde, nachdem er zusammengepackt hatte und zurück in seine zeitweilige Wohnung gefahren war, um zu schlafen, anriefen.
»Roine, du musst sofort herkommen!«

ROINE MAGNUSSON ist ein Fotograf, der auf unkonventionelle Weise versucht, sich dem Bild zu nähern. Er porträtierte in den Büchern *Kor – en kärlekshistoria* (Pandabuch des Jahres 2012) und *Till träden* Kühe und Bäume als die Persönlichkeiten, die sie sind. Während der Arbeit an *Den underbara resan* (Pandabuch des Jahres 2007) flog er auf Nils Holgerssons Spuren in Ultraleichtflugzeugen. Magnusson schleppt gern etliche Kilo Blitzgeräte mit in die Natur, um das Bild zu bekommen, das er haben will.

MATS UND ÅSA OTTOSSON sind freie Journalisten, Autoren und Dozenten mit einem starken Empfinden für die schwedische Natur. Sie haben rund zwanzig Bücher geschrieben, mehrere zusammen mit Roine Magnusson. Mats Ottoson schreibt jedes Jahr Texte für das populäre *Fågeldagbok* des Verlags Bonnier Fakta. Er ist auch Programmleiter für die Rundfunksendung »Naturmorgon« von Sveriges Radio.

ANMERKUNGEN

Quellennachweis zu Seite 1: E. E. Cummings, »immerdar möge mein herz kleinen vögeln«, in: ders., *Poems – Gedichte*, Auswahl, Übersetzung und Nachwort von Eva Hesse, München 2016, S. 71.

1 Frans de Waal, *Der Affe in uns. Warum wir sind, wie wir sind*, aus dem Amerikanischen von Hartmut Schickert, München u. a. 2006.

2 Kathleen Jamie, *Findings*, London 2005, S. 39.

3 Björn Berglund, *Kottar*, Stockholm 1999, S. 72.

4 Staffan Börjesson, *Fågelmusik – ett tema med variationer*, Stockholm 2002, S. 20 und 40.

5 Nan Shepherd, *Der lebende Berg. Eine Huldigung der Cairngorms (Naturkunden 37)*, aus dem Englischen von Judith Zander, Berlin 2017, S. 111.

6 Barry Lopez, »Emory Bear Hands' birds«, in: *Island*, 79, 1999, S. 48–55.

7 David Abram, *Becoming Animal. An Earthly Cosmology*, New York 2010, S. 191.

8 Carl von Linné, *Carl Linnæi Skånska resa*, 1751.

9 Kathleen Dean Moore, *Wild Comfort. The Solace of Nature*, Boston 2010, S. 179.

10 Gilbert White, Tagebuch, 13. April 1768 ...

11 Ingrid Sjöstrand, *Skogen i trädet*, Stockholm 1981, S. 30.

12 W. H. Auden, »Short Ode to the Cuckoo«, in: ders., *Collected Poems*, hrsg. von Edward Mendelson, New York 2007, S. 863.

13 Ted Hughes, »Mauersegler«, in: ders., *Gedichte. Zweisprachig (Dichtung der englischsprachigen Welt 3)*, übersetzt, mit einer Einleitung und Anmerkungen von Ulrich Horstmann, Heidelberg 1995, S. 119.

14 Iris Murdoch, *The Sovereignty of Good*, London 2014, S. 82.

15 Björn Berglund, *Mamma i skogen. Tvåhundrafyrtiosju små utsikter*, Stockholm 2007, S. 44.

16 Heinz Tiessen, *Musik der Natur – Über den Gesang der Vögel, insbesondere über Tonsprache und Form des Amselgesanges*, Freiburg i. Br. 1953.

17 *The Poetry of Birds*, hrsg. von Simon Armitage und Tim Dee, London 2011, S. XXI.

18 Ulf Lundell, *Visenterna*, Stockholm 2014, S. 182.

19 Sten Selander, »En majmorgon«, in: ders., *Mark och människor*, Stockholm 1937, S. 100.

20 Lars Jonsson, *Wintervögel*, aus dem Schwedischen von Detlef Singer, Stuttgart 2016, S. 36.

21 Sten Selander, »Sädesärlorna«, in: ders., *Sommarnatten*, Stockholm 1941, S. 55.

22 »Warum die Bachstelze einen zitternden Schwanz hat«, in: *Naturgeschichtliche Märchen*, hrsg. von Oskar Dähnhardt, 7. Aufl., Leipzig und Berlin 1925, S. 75 f.

23 William Shakespeare, *König Heinrich der Vierte*, übersetzt von August Wilhelm Schlegel, hrsg. von Dietrich Klose, Stuttgart 2010, S. 20. (1. Aufzug, 3. Szene.)

24 Bengt Anderberg, »Det omöjliga« in: ders., *Fritt efter naturen*, Stockholm 1981, S. 18.
25 Ebenda.
26 Berglund, *Mamma i skogen* (wie Anm. 15), S. 203.
27 Werner Aspenström, »Gråsparven«, in: ders., *Ordbok*, Stockholm 1976, S. 28.
28 Ebenda.
29 Tomas Tranströmer, »Näktergalen i Badelunda«, in: ders., *För levande och döda*, Stockholm 1989, S. 10.
30 Kirsten Dierking, »Nuthatch«, in: dies., *Tether*, Minneapolis, MN 2013, S. 65
31 Mary Oliver, »Winter and the Nuthatch«, in: dies., *Red Bird*, Boston 2008, S. 32.
32 Björn von Rosen, *Samtal med en nötväcka*, Stockholm 1984, S. 26 f.
33 Ebenda.
34 Sjöstrand, *Skogen i trädet* (wie Anm. 11), S. 30.
35 Ingrid Sjöstrand, *Shorts*, Stockholm 1990, Bl. 4.
36 Shepherd, *Der lebende Berg* (wie Anm. 5), S. 121.
37 Jonsson, *Wintervögel* (wie Anm. 20), S. 63.
38 Joar Tiberg, *Fåglar i förorten – med Finnskogen och södra Indien*, Torsby 2007, S. 16.
39 Ebenda.
40 Erik Rosenberg, *Fåglar i Sverige*, Stockholm 1972, S. 331.
41 Jonsson, *Wintervögel* (wie Anm. 20), S. 314.
42 Ebenda.

Erstmals veröffentlicht in Schweden 2017
von Bonnier Fakta
Originaltitel: *NÄRA FÅGLAR*

Grafik: Håkan Liljemärker
Redaktion: Mattias Abrahamsson und
Martin Ransgart

www.sieveking-verlag.de

Übersetzung: Claudia Huber, Erfurt
Lektorat: Dr. Tamara Al Oudat, München
Produktion und Satz: Sieveking Verlag,
München

ISBN 978-3-944874-85-2

Printed in Lettland